U0795975

RENZHI KONGZHI
DUI QINGXU TIAOJIE DE
ZUOYONG JIZHI YANJIU

认知控制对情绪调节的作用机制研究

贺秀珍 著

陕西新华出版
陕西科学技术出版社
Shaanxi Science and Technology Press

图书在版编目(CIP)数据

认知控制对情绪调节的作用机制研究 / 贺秀珍著. —
西安：陕西科学技术出版社，2024.3
ISBN 978-7-5369-8915-3

Ⅰ. ①认… Ⅱ. ①贺… Ⅲ. ①情绪-自动调节-研究
Ⅳ. ①B842.6

中国国家版本馆 CIP 数据核字(2024)第 052716 号

认知控制对情绪调节的作用机制研究
贺秀珍 著

责任编辑 王喜艳
封面设计 朵云文化

出 版 者 陕西科学技术出版社
西安市曲江新区登高路 1388 号 陕西新华出版传媒产业大厦 B 座
电话 (029)81205187 传真 (029) 81205155 邮编 710061
http://www.snstp.com
发 行 者 陕西科学技术出版社
电话(029)81205180 81205178
印　　刷 西安真色彩设计印务有限公司
规　　格 787mm×1092mm 16 开本
印　　张 10.5
字　　数 240 千字
版　　次 2024 年 3 月第 1 版
2024 年 3 月第 1 次印刷
书　　号 ISBN 978-7-5369-8915-3
定　　价 39.60 元

前言

PREFACE

情绪健康是当今社会关注的焦点和热点,而情绪的调节能力将在很大程度上影响心理健康。人们在日常生活中会面对许多负性情绪刺激,个体的身心健康离不开有效的情绪调节。认知控制在情绪调节过程中发挥着重要作用,了解认知控制对情绪调节的影响,可以帮助人们针对不同的情绪调节策略,展开适宜的训练。

现在心理健康教育工作在大中小学越来越重要,处于成长阶段的学生个性情绪发展变化较大,对周围的事物敏感,但是情绪调节发展尚未成熟,通过在心理健康课堂上为其提供可选择的情绪调节训练方法,可以帮助学生提高认知控制能力,同时调整自身情绪,进而促进身心健康发展。对认知控制与情绪调节的探讨可以丰富人们对情绪、情绪调节与认知控制关系的认识,深入了解情绪调节的影响因素。

情绪是由情绪诱发事件所引起的生理改变、认知解释、主观体验和行为反应几个方面相互作用的过程。情绪调节是指个体在情绪产生的不同阶段,采取一些适宜的方式对自己的情绪类型、体验和行为表达方式进行一定的调控。情绪调节是儿童早期社会性发展的重要方面,也是常态化和病理发展的重要机制。情绪调节策略直接影响个体的情绪调节效果。认知控制是个体在面对相互冲突的不同信息时所表现出来的一种高级认知功能,情绪健康是身心健康的核心要素。认知控制是影响个体情绪调节策略和效果的重要因素。本书旨在探讨认知控制在情绪调节过程中的重要作用及作用机制。

本书的特点主要表现为基础性、系统性、经典性、前沿性、理论性和实证性并重,在引经据典的同时,力求全面反映该领域的最新动态,并且充分吸纳本领域最前沿的信息和最新的观点。

第一章“情绪”是本书的开篇章节，该章首先介绍了情绪的概念、情绪的分类、情绪的功能、情绪的3种基本状态，并详细论述了情绪的基本成分，然后从前额叶皮层、杏仁核、下丘脑、网状结构、边缘系统、大脑皮层几个方面阐述了情绪中枢的脑机制 ，最后系统介绍了 James – Lange 的外周情绪理论、Cannon – Bard 的丘脑情绪理论、Schachte – Singer 的激活归因情绪理论、Arnold – Lazarus 的情绪认知评价理论。

第二章“情绪调节” 首先详细介绍了情绪调节的定义及特点、内容，以及情绪调节的理论模型，包括单因素理论、双因素理论、Gross 情绪调节的过程模型和情绪调节拓展过程模型，然后介绍了情绪调节的各类型和主要内容。最后阐述了情绪调节的主要策略，如注意分配、认知重评、表达抑制、积极重评和分离重评。

第三章“认知控制”首先详细介绍了认知控制的概念、神经机制，论述了认知控制对情绪调节的重要作用，然后根据 Ochsner 情绪的认知控制模型、能量有限理论、注意控制理论系统阐述了认知控制对情绪调节的相关理论依据，并介绍了认知控制的相关研究范式。

第四章“认知重评”探讨了认知重评的概念、类型和研究方法及其测量方法，考证了认知重评对厌恶、焦虑、恐惧等负性情绪的调节及生理机制。

第五章“认知控制的干预训练”阐述了原因调节和反应调节策略的应用消耗不同维度的注意资源，介绍了工作记忆训练与抑制训练的实效性。最后详细阐释情绪粒度对维护个体情绪健康的积极意义，以及干预负性情绪粒度的具体措施及作用机制。

第六章“改变认知的理性情绪疗法”系统介绍了 Ellis ABCDE 模型，指出情绪困扰和情绪障碍在于不合理的信念。理性情绪行为治疗的基本步骤主要解决如何驳斥非理性信念和自言自语的问题。这里主要包括“逻辑化的”驳斥问题、“以事实为根据的”驳斥问题、“实用的”驳斥问题、“替代理性的”驳斥问题。提出与不合理信念辩论的质疑式和夸张式两种基本方法，最后介绍了理性情绪行为治疗理论的基本原理。

第七章“认知辅导在大学生情绪调节中的应用”，基于前一章 Ellis 的情绪治疗理论，该章探讨了大学生因情绪困扰产生的相关认知偏见和不良适应性行为。并提出通过认知辅导的方法来解除其情绪困扰，比如帮助大学生发现并改变不合理的信念、重建概念、领悟自身的问题、指导大学生进行重复的适应性自我对话等。

第八章“中小学生认知情绪调节”，首先从情绪理解的发展、情绪体验的发展、情绪调节的发展3个方面详细介绍了中小学生情绪早期发展的特点和规律，然后分别阐述了小学生、初中生、高中生的情绪发展特点，并由此提出了促进中小学生情绪稳定健康发展的认知情绪调节策略。

在此，首先我要感谢我的博士生导师赵微教授对本书在选题策划和内容架构方面给予的最宝贵的意见和建议，从而使我有勇气和信心来面对这样一段艰难的创作和研究。也非常感谢这个领域的相关学者，在研读和引用你们的著作、文献时，我怀揣敬意和感恩。希望这本书的出版能给对这个领域感兴趣的读者带来一些帮助和启发。

贺秀珍

2023年10月30日

目 录
CONTENTS

第一章 情 绪 …… 1

第一节 情绪概述 …… 1

第二节 情绪的状态 …… 8

第三节 情绪的基本成分 …… 10

第四节 情绪中枢的脑机制 …… 18

第五节 情绪理论 …… 23

第二章 情绪调节 …… 30

第一节 情绪调节概述 …… 30

第二节 情绪调节的理论模型 …… 33

第三节 情绪调节的类型 …… 38

第四节 情绪调节的过程 …… 40

第五节 情绪调节策略 …… 41

第三章 认知控制 …… 52

第一节 认知控制概述 …… 52

第二节 认知控制理论模型 …… 59

第三节 抑制控制 …… 64

第四节 认知控制的研究范式 …… 66

第五节 基于冲突解决的双重认知控制 …… 71

第四章　认知重评 …… 75

第一节　认知重评概述 …… 75
第二节　认知重评对负性情绪的调节及其生理机制 …… 77
第三节　认知重评的理论基础 …… 79
第四节　认知重评和注意分散比较研究 …… 85
第五节　认知重评的测量 …… 91

第五章　认知控制的干预训练 …… 94

第一节　原因调节和反应调节 …… 94
第二节　工作记忆训练与抑制训练 …… 96
第三节　负性情绪粒度的训练 …… 98

第六章　改变认知的理性情绪疗法 …… 104

第一节　Ellis ABC 理论 …… 104
第二节　理性情绪行为治疗的 ABCDE 模型 …… 107
第三节　理性情绪行为治疗理论的原理 …… 110
第四节　ABCDE 模型治疗案例 …… 112

第七章　认知辅导在大学生情绪调节中的应用 …… 115

第一节　认知辅导概述 …… 115
第二节　大学生的认知偏见 …… 118
第三节　情绪困扰与适应不良 …… 122
第四节　认知辅导促进情绪和行为适应 …… 127

第八章　中小学生认知情绪调节 …… 131

第一节　中小学生情绪早期发展 …… 131
第二节　中小学生情绪情感发展特点 …… 136
第三节　中小学生认知情绪调节策略 …… 142

附录：认知控制与情绪调节相关测评工具 …… 147

参考文献 …… 153

第一章 情 绪

第一节 情绪概述

情绪(emotion)一词在词源上是用来描述一种“动”的过程。情绪这一术语,按照蒙芮(Murray,1888)字典,是来自拉丁文e(外)和movere(动),表示从一个地方向外移到另一个地方。在文学史上,它被用来描述许多领域“动”的现象。例如,“雷……引起空气的流动”“冰在山洞里流……是由于震动”“群众的扰动是由于……引起”。这里无论是在物理学还是社会学上,抑或在不同时代所使用的“流动”“振动”或“扰动”,都是emotion。后来这个词用于表示人的精神状态,例如,“快乐的满足一般被称为emotion”。由此可见,情绪一词在词源上是用来描述一种“动”的过程的。现在它已不再在物理学和社会学范畴中使用,而仅限于表示精神的活动。因此,把情绪一词仅限定为表示感情的活动过程,就严格地规定了它的内涵。此外,鉴于情绪由神经过程所携带,并表现于外和可被测量,所以对它的测量称为情绪测量。

情绪是客观事物是否满足自己的需要、符合自己期望时的一种态度体验。所以,情绪是个体的一种主观体验,客体是否能引起主体的情绪反应是以主体的需要和愿望为中介的。当客观事物符合、满足主体的需要时,个体就体验到积极的情绪;当客观事物不符合、不能满足主体的需要时,个体就体验到消极的情绪。

一、情绪的分类

一般来讲,积极的情绪是适应良好的情绪,对人的认知和行为具有增力的作用;消极的情绪是适应不良的情绪,对人的认知和行为具有减力的作用。当然,消极的情绪不全是不良的情绪,如愤怒、生气等具有一定的生物和社会适应性。

积极情绪是当事情进展得顺利时的那种好的感受，如快乐、兴趣、满足和爱等。其具有支持应对压力、缓解压力、恢复被压力消耗的资源3个适应功能。消极情绪是当事情进展得不顺利时的那种不好的感受，如痛苦、悲伤、愤怒、恐惧等。适度的消极情绪有时是有益的，其能提高工作效率和学习效果。但过于强烈和持久的消极情绪对人的健康和社会适应有害，会引起相应的心理疾病。

耶基斯－多德森定律表明情绪强度和工作效率之间的关系不是一种线性关系，而是倒U形曲线关系。情绪强度处于中等水平时，工作效率最高，一旦超过了这个水平，反而会对行为产生一定的阻碍作用。例如，适宜的焦虑强度有利于大脑皮层对兴奋性的唤醒，促进学生考试认知操作，过度焦虑反而不利于考试的正常发挥。所以，情绪在不同唤醒水平对行为效果有不同的影响，过低或过高的情绪唤醒水平都不如适中的唤醒水平，适中的唤醒水平可以产生最优的操作效果。

二、情绪的功能

（一）适应功能

有机体在进化过程中产生了多种以生存和延续种族为目的的适应方式。这些方式只要在长期的生存竞争中起到适应生存的作用，就会在有机体的结构和机能上留下痕迹。例如，鱼类的梭状体形适宜于游泳；昆虫在丛林中生活，它们的身体可以随季节而改变颜色，这是一种抵御强者的适应手段。这些类别的形态结构是动物长期生存适应的痕迹。人们对低等动物做出这样的生态学解释，认为其实际上是演化过程中遗传变异的结果。

在高等动物中，由于神经系统的发展，感知觉功能比形态上的变化更有效地成为适应的手段。例如，鸟类的视觉能力适应于飞行条件下捕食，哺乳类狐科的敏锐嗅觉是觅食、求偶的重要机能。由此可见，心理能力成为比形态结构进化更机敏的适应方式。

感情性功能是高等动物重要的适应手段。在脊椎动物中，可以广泛地观察到斗争、追逐、哺喂和受孕4种感情性反应。这些过去统统归结为本能行为的，是有机体的机能系统活动，是内驱力反应，是动物神经系统，特别是脑发育到皮质阶段在脑中引起的状态，也就是最初的感情性反应。这4种感情性适应行为就是后来发展为怒、怕、爱等情绪的雏形。

生物演化到人的阶段，人类祖先的感情性反应具备了它所特有的机制，并随着大脑皮层的进化而发展和分化。同语言器官的发展和分化类似，情绪的“器官”，也就是情绪的外部表现——表情,在进化中也得到发展,而且是先于言语的发展而发展的。情绪的外显行为乃是人类祖先适应生存的产物和手段。这就是达尔文在100多年前说过的,情绪表情是人类进化适应性的痕迹,它既是进化的产物,又是适应的手段。例如,人类祖先在捕猎、搏斗和防御敌人时发生愤怒反应,有助于战胜猎物或敌手;在认识和探索环境中,兴趣和好奇情绪使他们趋向新奇事物;震惊、恐惧情绪使他们回避危险。现代人类具有多种具体的单一或复合情绪,它们都有各自不同的适应作用。

(二)动机功能

关于什么是驱使人类满足需要的动机问题,几千年来给予的回答,从Hull到Freud时期,都是一样的,即生物内驱力是动机的基本来源。所有像饥饿、干渴、呼吸等所显示的明晰、紧迫感都成为理论家们所捕捉的证据。新行为主义的代表C. Hull认为,生理需要驱策行动,在需要得到满足之后,内驱力作用消失。Hull提出一个公式:内驱力强度×取食行为熟练程度=行为有效性。

然而,这一具有深刻影响的论断是不完全正确的。驱策有机体进行活动以满足需要的动机,不仅在于生物本能,而且在于更高级的心理功能。不仅如此,把生理内驱力同高级心理功能(如意志)联系起来,对生物内驱力来说,情绪因素也起着关键的作用。

动机论情绪心理学家Tomkins提出,把内驱力的强度和紧迫性归于内驱力本身是错误的。这个错误在于人们把内驱力本身的信号同它的放大器混淆了。例如,在有机体缺水或缺氧的情况下,体内平衡发生变化,这一生理需要本身提供信号的是内驱力。然而,在这一过程中,不可避免地是感情性过程伴随而生。感情性过程经常附加和补充到内驱力中,并使内驱力得到加强,从而对内驱力起放大的作用。因此,起放大作用的是情绪。人体在缺氧的刹那间会产生恐慌感。口渴是人体血液成分发生变化引起的,它本身并不包含急迫感这一心理内容,急迫感是情绪。想要喝水的需要和动机驱使人去寻找水,这是血液成分变化和急迫的情绪相结合的结果。感觉口渴时并不会立即导致机体衰竭,口渴的急迫程度却使人无法忍耐。这就是因为感情放大了内驱力,从而成为动机的力量。类似的事实是经常发生并能为人自身所意识到的,然而却长期被理论家们忽略。

内驱力是生理需要,情绪是心理反应,二者都需要非特异性神经传导的激活。但内驱力本身没有足够的力量去驱策人的行动。内驱力的关键作用在于为维持生命提供信息,在人体缺氧时激活呼吸肌运动,而呼吸的器官装置、整个系统都已经专门化,它按生物节律规律性地被激活。所以它的反应功能是相对呆板而固定的,而感情的性质比生理节律更灵活,它不受时间、地点的严格限制。人体必须以固定的时间节律呼吸和喝水,但并非在固定时间愤怒或悲伤。感情活动由什么对象所引起的,其灵活性也很大。任何食物都能满足饥饿的需要,但感情表明人喜欢这个或不喜欢那个。

情绪的动机作用并非只体现在对内驱力的放大作用上。人类的高级目的行动和意志行为的动力性中包含着十分重要的情绪因素。认识和目的本身并不包含驱动性,驱使人去探索的是兴趣和好奇,驱使人去实现目标的是愿望和期望。兴趣和好奇属于基本的、单一的情绪,愿望和期望则是感情和认知的复杂结合。实现目的的愿望越强烈,它所激活的驱动力就越大。从这个意义上说,单纯的目的是苍白无力的,它不足以形成动机。

然而,理性思维是人类高级智慧的心理来源,人类的意志和创造、目标的设定和决策,都是人脑高级认知加工的功能。它在脑内构造了庞大的认知加工系统,时刻活动着,而情绪的激动性和干扰性也会扰乱目标的制定或决策,使人失去理性,削弱理性思维。因此,情绪与认知是相互关联的,情绪的组织作用,从学龄期儿童直到成人,是在与认知的相互作用中实现的,过度强调情绪的动机性则会在理论上出现偏颇。

(三)组织功能

情绪是一种独立的心理过程,同其他的心理过程相互作用。以认知过程和情绪过程的相互作用而言,情绪可以调节认知加工的过程。例如,情绪可以影响知觉中对信息的选择,监视信息的流动,促进或阻止工作记忆,干涉决策、推理和问题解决。因此,情绪可以驾驭行为,支配有机体与情境相协调,使有机体对环境信息做出最佳处理。反之,认知加工对信息的评价,通过神经激活诱导情绪。在这样的相互作用中,无论是情绪还是认知,作为心理的东西,都以其内容,或以其对有机体的意义而起作用;认知以外界情境事件本身的意义起作用,情绪则以体验为快乐或悲伤、愤怒或恐惧的体验起作用。其不同之处在于,情绪的动机性质能激活有机体的能量而驱策认识或行动。就此而言,情绪似乎是脑内的一个监测系统,调节其他的心理过程。

近年来,情绪心理学家 Sroufe 把情绪对其他心理过程的调节作用具体化为组织作用。组织作用的含义包括组织的作用和破坏的作用。一般来说,正性情绪起着协调、组织的作用,而负性情绪起着破坏、瓦解或干扰的作用。Isen 的研究揭示,儿童在正性情绪和负性情绪状态下会产生不同的助人行为。正性情绪比负性情绪状态下更容易接受言语指导,更容易帮助别人做事,对人更友善,与人交往更主动,探索事物更积极,忍受挫折的能力更强。Bower 提出,成人在某种情绪状态下易于回忆起情绪性质与之相同的过去事件。

北京大学情绪心理实验室的新近研究证明:①中等愉快水平比过高的欣快或过低的无情绪状态使智力操作(问题解决作业)达到更优效果;兴趣和愉快的相互作用和相互补充为智力操作提供最佳的情绪背景,体现了情绪的组织作用。②惧怕是破坏性最大的情绪,而兴趣是探索新颖刺激的动力。惧怕和兴趣都在新异刺激作用下发生,所发生的情绪可在惧怕和兴趣之间流动。新异刺激引起的是兴趣、惊奇或惧怕,情绪在兴趣和惧怕之间的流动程度和倾向,依赖于刺激的新异程度的大小和个体差异。③痛苦情绪因它的压抑效应对智力操作起干扰、延缓的作用。④愤怒作为负性情绪,其性质与其他负性情绪不同,它比痛苦或惧怕有更大的置信度,从而在愤怒情绪释放之后,产生比痛苦更好的操作效果;如果愤怒情绪在体内积累而没有得到释放,就同其他负性情绪一样对操作起负性作用(孟昭兰 等,1984)。这些实验结果都证明了情绪执行着监视认知活动的功能,而且不同性质的情绪对认知起着不同的作用。

(四)通信功能

情绪和言语一样,具有通信交流的职能。言语和情绪都有显著的但又各自不同的外显形式。言语的首要外显形式是出声言语,情绪的首要外显形式是面部表情。表情和出声言语一样,是从漫长的演化过程中形成的人们进行通信交流的重要手段。从人本身在演化过程中获得的发展来说,它们是人类社会化的媒介。出声言语传递人们的思想,言语声调传递的则是人的感情,它被称为声调表情。人们之间感情的通信交流有时是言语所不能表达的相互理解和相互关系。

从种系演化或个体发展来说,感情的通信作用比言语交际开始得早。即使在高度社会化的人类之中,新生儿和母亲之间建立的最初的社会联结也是通过感情来传递的,而不是通过言语交际实现的。婴儿的情绪是呼唤母亲的信号,婴儿(到 7 个月)在遇到不能肯定的情境时,会从成人面孔上搜寻情绪信息以决定自己的行为。情绪的适应作用通过这一通信职能提到了更高的、不同质的层次上,形成人们之间的思想感情交流和社会联结。儿童随着年龄的增长,情绪越来越多地同言语交织在一起,实现人与人之间和人与环境之间的社会适应。

情绪是人们社会生活的协调器。情感通信协调着人们的每日生活。情绪通过表情的传递可以引起对方的共鸣,使对方受到感染,产生移情或同情。例如,人们见面时点头、微笑、握手、拥抱,都包含着相互感染和共鸣。从这个意义上可以说,情绪作为基本范畴,似乎随着深度知觉、形状知觉和运动知觉,成为第四种或第五种知觉——情绪知觉,人们有独特而细致地辨认表情的能力。

情绪的通信作用还表现在一些特定的感情联结上和特定的社会礼仪形式中。例如,母婴依恋是最突出的感情联结模型。基本情绪及其外显特性的先天性质不仅是婴儿适应生存的重要手段,而且是子女同父母之间长期保持感情联结的基础。青年男女之间的恋爱虽有其先天基础,但它是另一种高度社会化的感情联结形式。他们之间感情上敏锐的相互感应是爱情的开端。爱情建立在包括文化背景、兴趣爱好、性格气质、社会品德、智慧能力,甚至包括经济条件、社会地位等多方面综合评价的基础上。但这种评价首先不是语义的,而是以感情的相通、相互欣赏、信赖和吸引为前提。

在各种特定的社会礼仪形式中进行着特殊形式的感情交流。在丧礼中,人们之间弥漫着悲痛的气息;在宗教仪式中,人人怀着虔诚的感情;在文娱晚会上,充满了欢乐的相互感染;在运动竞技场上,拼搏精神支配的激情占据着主导地位。所有这些特殊的情绪通信模式都是在特定的社会文化、生活习俗的长期孕育中形成的。这些不同的方式把人们在不同的场合中联结起来,并构成一定社会生活方式的组成部分。联系上面所提到的观点,这种特殊形式的感情联结,不也正是人类在社会生活中的适应性的表现吗?

现在让我们回到情绪的性质问题上来。当一个事物本质的特定性尚难以确定的时候,通过它的作用,通过它与其他事物的联系和对其他事物的影响,以及它所引起的后果来考察,是一条可行的、由浅入深的途径。

情绪的上述基本功能和作用向人们揭示了情绪的根本属性,那就是人类每时每刻的情绪过程都是先天适应性和社会联结的综合,是有机体古旧脑(旧皮质和丘脑系统)和新脑(新皮质)的共同活动,是人的自然环境和社会环境在每个人每一具体时刻发生影响的交织。

情绪既服务于人类最基本的生存适应的需要,也服务于维持人类社会团体生活的需要。情绪的适应和驱策作用在漫长的演化中,经过社会化过程成为人际交往和人类正常社会生活不可缺少的因素。在精神病理学中诸多情绪异常的现象，简言之，不过是社会适应不良的结果。我们仍然时常看到情绪的自然性质的原始痕迹在生活中显露。例如，现代文明社会中出现的“广场恐惧症”不过是原始的威胁生命或生存的恐惧感在某种社会情境中的再现。

情绪的基本性质说明了它为什么占据着人的整个心理生活和实际生活。它既策动人的本能行为，又干预社会学习和创造活动，它是整个人的活动的动力。但是，人是社会化的成员，服从于自然和社会的普遍规律。因此，从儿童时期起，情绪社会化就使之融入了被自然法则、社会规范和文化背景所制约的轨道。毫无疑问，我们分析情绪发生发展的原委和来龙去脉，对理解人是有所裨益的（彭聃龄，2018）。

三、情绪与情感的联系与区别

情绪与情感之间既有区别又有联系。二者的区别主要表现在 3 个方面。

首先，情绪出现较早，多与人的生理性需要相联系；情感出现较晚，多与人的社会性需要相联系。婴儿一生下来，就有哭、笑等情绪表现，而且多与食物、水、温度、等生理性需要相关；情感是在幼儿时期，随着心智的成熟和社会认知的发展而产生的社会性需要。因此，情绪是人和动物共有的，但只有人才会有情感。

其次，情绪具有情境性和暂时性，情感则具有深刻性和稳定性。情绪常随着场合的改变和人、事的转换而变化。所以，有的人情绪表现常会喜怒无常。情感可以说是在多次情绪体验的基础上形成的稳定的态度体验，如对一个人的爱和尊敬，可能是一生不变的。因此，情感特征常被作为评价人的个性和道德品质的重要方面。

最后，情绪具有冲动性和明显的外部表现，情感则比较内隐。人在情绪左右下常常不能自控，高兴时手舞足蹈，郁闷时垂头丧气，愤怒时又暴跳如雷。情感更多的是内心的体验，深沉且久远，不轻易流露出来。情绪和情感的联系主要体现在：一方面，情绪依赖于情感，即情绪的各种不同的变化一般都受制于已形成的情感及其特点；另一方面，情感也依赖于情绪，情绪是情感的外在表现，情感是情绪的本质内容。同一种情感在不同的条件下可以有不同的情绪表现。情感的发展变化也是通过情绪的变化来实现的，即任何稳定的情感都是在大量的情绪经验的基础上形成的。

第二节　情绪的状态

情绪状态是指在一定的生活事件影响下，一段时间内各种情绪体验的一般特征表现。根据情绪状态的强度和持续时间可分为心境、激情和应激。

一、心境

心境是一种微弱、平静和持久的情绪状态，心境具有弥散性和感染性。心境的弥散性是指当人具有某种心境时，他的言行举止、心理活动都会蒙上一层相应的色彩。心境的长期性是指心境产生后，要在相当长的时间内主导人的情绪表现。

导致心境产生的原因很多，生活中的顺境和逆境，工作、学习上的成功和失败，人际关系的亲与疏，个人健康的好与坏，自然气候的变化，都可能引起某种心境。但心境并不完全取决于外部因素，还同人的世界观和人生观有联系。一个有高尚的人生追求的人会无视人生的失意和挫折，始终以乐观的心境面对生活。心境对人们的生活、工作和健康都有很大的影响。心境可以说是一种生活的常态，人们每天都在一定的心境中学习、工作和交往。积极良好的心境可以提高学习和工作的绩效，帮助人们克服困难，保持身心健康；消极不良的心境则会使人意志消沉，无法正常工作和交往，甚至发生一些身心疾病。

引起心境变化的原因较多，如工作的好坏，学习成绩的优劣，生活习惯的改变，人际关系的融洽程度，甚至自然环境的变化及身心状况等都会对心境产生影响。但在很多情况下，人并不能意识到引起心境变化的原因。心境对人的工作、学习和健康有很大影响。积极的心境有助于工作和学习，能促使人的主观能动性的发挥，提高人的活动效率，并且有益于人的健康；消极的心境使人意志消沉，降低人的活动效率，妨碍工作和学习，有害于人的健康。因此，要善于调节和控制自己的心境，形成和保持积极、良好的心境。

二、激情

激情是一种爆发强烈而持续时间短暂的情绪状态。人们在生活中的狂喜、狂怒、沉重的悲痛和异常的恐惧等，都是激情的表现。和心境相比，激情在强度上更大，但维持的时间一般较短暂。激情具有爆发性和冲动性，同时伴有明显的生理变化和行为表现。当激情到来的时候，大量心理能量在短时间内积聚而出，如疾风骤雨般，使得当事人失去了对自己行为的控制力。

激情常由生活事件所引起，那些对个体有特殊意义的事件会导致激情，如考上大学、找到满意的工作等；出乎意料的突发事件会引起激情，如多年失去音信的亲人突然回归，常会令人欣喜若狂。另外，违背个体意愿的事件也会引起激情。中国古书中记载，春秋战国时期的伍子胥过昭关，因担心被抓回楚国，父仇不能报，一夜之间竟然愁白了头。可见，不同的生活事件会引起不同的激情。

激情对人的影响有积极和消极两个方面。一方面，激情可以激发内在的心理能量，成为行为的巨大动力，提高工作效率并有所创造。但另一方面，激情也有很大的破坏性和危害性。激情中的人认识范围狭窄，有时任性而为，不计后果，对人对己都造成损失。

三、应激

应激是指人对某种意外的环境刺激做出的适应性反应。突发事件常常使人们心理上高度警醒和紧张，并产生相应的反应，这都是应激的表现。

应激状态下常常伴随明显的生理变化，如肌肉紧张度、血压、心率和呼吸，以及腺体活动都会出现明显的变化。这是因为个体在意外刺激作用下必须调动体内全部的能量以应对紧急事件和重大变故。在应激状态下，人可能有两种行为反应：一种是行为紊乱，手忙脚乱，忙中生错，不能准确地采取符合当时目的的行动。同时，由于意识的自觉性降低，也会出现思维混乱、分析判断能力减弱、感知和记忆力下降、注意力的分配与转移困难等情况；另一种是虽然身心紧张，但精力旺盛、思维敏捷、活动量增强，从而能更好地利用过去的经验和生理激活状态，急中生智，摆脱困境，化险为夷。

应激反应包括警觉反应、抵抗和衰竭 3 个阶段。警觉反应阶段是指有机体在受到外界紧张刺激时，会通过自身生理机能的变化和调节来进行适应性的防御；抵抗阶段是通过心率和呼吸加快、血压升高、血糖增加等变化，充分动员人体的潜能，以应对环境的突变；衰竭阶段是指引起紧张的刺激继续存在，抵抗持续下去，此时必需的适应能力已经用尽，机体会被其自身的防御力量损害，导致适应性疾病发生。

第三节　情绪的基本成分

一、情绪的表情成分

情绪表达(emotional expression),是指个体的情绪经验在其外部行为活动中的表现。情绪的表达一般可以归为两大类,即言语的情绪表达和非言语的情绪表达。非言语的情绪表达也叫表情,它包括情绪在面部、身体姿态和言语上的表现,称为面部表情、身段表情和言语表情。

表情是情绪所特有的外显行为,是由躯体神经系统支配的骨骼肌运动,是感情性活动的外显行为。表情也是反应,但是它同所谓刺激－反应、输入－输出模式有根本的不同。表情具有一系列使它得以产生的脑机制,它同脑的过程和体验有不可分割的联系,它参与情绪的发生。从进化和适应的观点看,表情特别是面部表情,是适应和进化的产物,也是适应和进化的手段。

(一)表情的基本类型

1. 面部表情

面部表情包括眼睛、眉毛、鼻子、嘴等的变化。面部表情是人类表达情绪的主要形式之一。面部表情以面部肌肉活动为主。有关描写情绪的中文成语,诸如眉飞色舞、眉目传情、愁眉苦脸、横眉竖眼、喜形于色等,都是指面部的表情。这类成语的含义,一方面表示情绪表达者的心理状态,另一方面也表示别人由此了解了情绪表达者的心理状态。因此,由面部动作所表达的情绪,具有双向沟通的作用。

面部不同部位的肌肉活动表达不同的情绪。心理学家将各种不同表情的照片,分割成前额、眉眼、口部3截,分别用来辨别快乐、悲哀、恐惧、愤怒、惊愕、厌恶6种不同的情绪,结果发现不同情绪的表达,分别由面孔的不同部位来决定,悲哀情绪显现在眼睛,快乐与厌恶表现在嘴部,惊愕的表情由前额显示,而愤怒的情绪则表现在面孔。

研究证明,婴儿前语言发育阶段的基本情绪表情是不学而能的,先天盲婴显露同正常婴儿同样的面部表情,跨文化研究证实前文化民族与同文化民族的表情具有一致性。所以,面部表情是一种先天预成程序化模式。另外,面部表情的发展具有社会化特点,比如婴儿笑的3个发展阶段。

婴儿由面部肌肉活动所表达的情绪中，以笑来表达快乐的情绪是最常见的。根据心理学家观察所见，婴儿笑的发展分为3个阶段。第一，浅睡中的笑。这是人类最原始的笑，其出现是在出生后的几周之内。婴儿笑时都是闭着眼睛，是在浅睡中因身体舒适而引起的情绪反应，因为此时的笑不是由外在刺激引起，因而称为内因性笑(endogenous smile)。第二，功能性的笑。从第2周开始，婴儿开始睁开眼睛笑，到第4周之后，婴儿会因周围的新奇刺激而笑，每次面对人的面孔(不分熟人或陌生人)时就会发笑。由外在刺激引起的婴儿的笑，称为外因性笑(exogenous smile)。此时婴儿的笑会为母亲带来愉快的满足，母亲加倍地疼爱婴儿，因此，就生物学的观点而言，这可能是人类生存的一种方式，换言之，婴儿此时的笑具有生存适应的功能。第三，社会性的笑。在4个月以前，婴儿见到人会笑是不加选择的，见到熟面孔会笑，见到生面孔也笑。到了4个月以后，婴儿只对熟面孔笑，对生面孔不但不笑，而且会出现面部疑惧的表情。婴儿此时的笑已带有社会意义了。

Izard等人假设，情绪活动会引起面部表情内在的程序化改变，而后面部的感觉会给大脑提供一些线索，帮助人们确定自己所体验到的情绪。这就是面部表情反馈假说(facial feedback hypothesis)。换言之，产生面部表情并意识到这种表情，才能够引起情绪体验。Ekman提出进一步假设，认为“保持一种面部表情将引起真正的情绪”。实验结果表明(图1－1)，保持一种面部表情确实能够引起自主神经系统的反应，表现为心率和皮肤温度的变化；同时，不同的面部表情产生了不同的活动模式。可见，不仅情绪可以决定表情，表情也可以决定情绪。

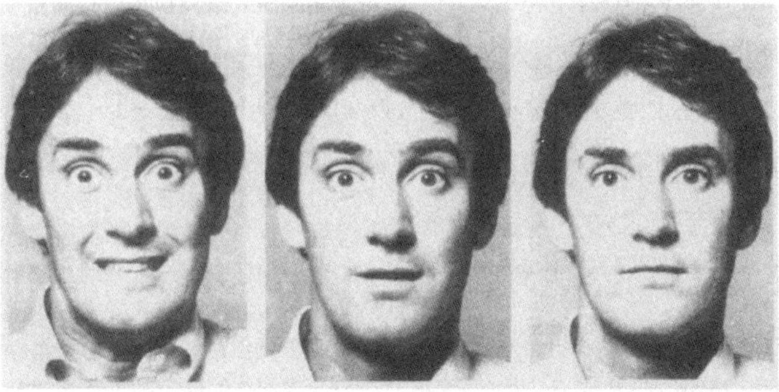

图1－1　Ekman研究的参加者“摆出”的面部表情

注：这些表情要尽量做到与自然表情相似。在保持面部表情的过程中，肌体活动会发生与处于情绪状态时相同的变体。

2. 身段表情(肢体语言)

身段表情是指情绪经验在身体姿势和动作方面的表现。肢体表达情绪时，我们自然会联想到许多习惯动作的含义。诸如鼓掌表示兴奋,顿足代表生气,搓手表示焦虑,垂头代表沮丧,摊手表示无奈,捶胸代表痛苦。我们以肢体活动表达情绪,别人也可以通过我们的肢体动作了解我们的情绪。

人类学家早就观察发现,在人与人的交往中,常常因为彼此间情感的亲疏不同,而不自觉地保持不同的距离:最亲密的人,彼此间的距离为 0.15 ~0.45 米;朋友之间的距离为 0.76 ~1.22 米;一般公共场所的陌生人之间的距离,通常维持在 3 米以上。这种因情感亲疏而表现出的人际距离的变化,在心理学上称为人际距离(interpersonal distance)。显然,人际距离的变化,是指沟通双方在沟通时,在肢体语言上的一种情感性的表达,彼此熟悉时,就亲近一点;彼此陌生时,就保持距离。如一方企图向对方接近,对方将不自觉地后退,仍然维持相当的距离。

用肢体动作表达情绪时,当事人往往并不自知。当我们与人谈话时,时而蹙额,时而摇头,时而摆动手势,时而两腿交叉,我们多半并不自知。正因如此,心理学家提出如下假设:当你与人说真话的时候,你的身体将与对方接近;当你与人说假话的时候,你的身体会离对方较远。此一假设验证的结果发现:如果要求不同被试,分别与别人陈述明知是编造的假话与正确的事实时,说假话的被试会不自觉地与对方保持较远的距离,而且身体向后靠,肢体的活动较少,面部笑容反而增多。

3. 言语表情

言语表情是情绪在辅助性语言上的表现。与交谈的语言文字内容不同,辅助语言指的是与声音相关的组成因素,包括音调、音色、吐字、语速、音量和节奏等。通过辅助语言,无意间就可以流露出真实的情绪和态度。不管你说的是什么内容,声音和方式可以在很大程度上显示出你是一个怎样的人,当时的感受是什么样的。

强烈的愉悦、恐惧和愤怒感都会使音调升高,而当情绪不好、疲倦或者平静的时候,讲话的音调会随之降下来。

底气十足的声音传递给人的是坚定、自信和充满力量,而单薄的声音会让人觉得缺乏安全感、软弱和优柔寡断。

略带模糊和慵懒的讲话也许会给谈话增添一点亲切自在的气氛,但在正式场合的讲话应当清晰而果断。

语速比较快给人的感觉会比较兴奋,很有表现力和说服力。但是如果说得太快,则会让听者紧张、不自在,也是缺乏安全感的一种表现。语速比较慢、讲话不慌不忙的人也许会给人一种懒惰和冷漠的感觉,但有的人会觉得讲话慢的人更真诚、有想法,也更有趣一些。

讲话声音大让人联想到的是热情和自信,但嗓门大也会让人觉得你咄咄逼人、过分自大或者太过于相信信息的重要性。轻柔的声音传递给听者的信号通常是一种值得信赖、关心他人和善解人意的感觉,但有时候也会让人觉得说话者缺乏自信、卑卑怯怯或者所传递的信息不重要。还有,轻声耳语作为讲话轻柔的极端表现形式,会起到增进交流的作用,既可以代表一种不同于别人的亲密,又可以表明讲话人的恐惧和敬畏的情绪。

(二)情绪经验的形成

情绪表现具有先天遗传模式。世界上所有的儿童当受伤或悲哀时都哭泣,快乐时都发笑。刚出生就双目失明的儿童不可能通过学习来模仿别人的表情,对他们的研究表明,随着年龄的增长,与不同情绪有关的面部表情、姿势和手势就自然会显现出来。

有些面部表情似乎全世界都是一样的,代表着相同的意义,和个人成长的文化无关。Ekman 和 Friesen 等人在一项研究中,把代表快乐、愤怒、厌恶、恐惧和惊奇、悲伤的面部表情的照片给 5 种不同文化的人(美国、巴西、智利、阿根廷和日本)观看,结果表明,他们很容易指出每种表情所代表的情绪,甚至与世隔绝的前文化部族(新几内亚的 Fore 人和 Dani 部族)的人,与西方文化毫无接触,也能正确地判断面部表情。1967—1968 年,Ekman 和 Friesen 访问了新几内亚偏远部族的 Fore 人和 Dani 人,他们没有接触过西方文化(没有看过电影,也没有为其他文化的人干过活)。由于单词翻译有精确性的问题,Ekman 和 Friesen 在研究中采用描述一个情绪的小故事来代替关于情绪的词汇,先告诉被试一个短小的故事,然后呈现 3 张西方人不同情绪的面部表情的照片,让他们选择。结果表明,除惊奇和恐惧易混淆外,他们能相当准确地鉴别面部表情。在第二项研究中,Ekman 和 Friesen 先要求 Fore 人设想如果遇到故事里的情境会产生什么情绪,并做出相应的面部表情,然后,将这些表情加以录像,带回去让美国大学生辨别。结果,除了惊奇和恐惧外,也能相当准确地识别面部表情。

行为主义心理学家认为,在某刺激情境之下的情绪表达,是个体学习对该刺激情境的反应。不同种族文化的人,其情绪表达方式之所以类似,是因为人类的生活需求类似,人类为满足生活需求所从事的活动类似。在类似的生活活动中,学习到类似的情绪反应。

行为主义者的反对意见,也引起了支持达尔文论点者的反击,他们以生而盲聋的人其情绪表达的方式来证明。生而盲聋的儿童,既不能凭观察学习别人的面部表情，也不能凭听觉学习到笑声和哭声。可是，此类儿童在遇到痛苦或快乐的情绪经验时，他们的面部表情与哭声和笑声，与其他正常儿童没有什么不同。

此外，也有学者对情绪表达的内外一致性提出质疑。单从某人面部表现的笑容，能否断定他内心真正快乐呢？内心不快乐的人，能否表现出让别人确认的笑容？为了解答此类问题，曾有心理学家设计过一项有趣的实验，试图验证人们能否刻意表达笑容。该实验进行时让被试观看两部内容截然不同的电影：一部是引人发笑的娱乐片，另一部是令人厌恶的纪录片。在观看之前，研究者要求被试合作，无论看到的是可笑的还是令人厌恶的镜头，都尽可能表现出笑容，而且尽量尝试做到他的笑容是真实的，不是假装的。当被试观赏电影时，研究者经由特殊装置，在被试不知不觉中，拍摄下他们面部的表情。实验结果发现，内外不一的情绪表达很难做到，而且观察身体姿势比观察面部表情更能判断出谁在欺骗，谁是诚实的。他们的研究表明，面部是言语信息的最好传送者，脚和腿是最差的传送者，手和手臂处于两者之间。这可能是人们在日常生活中更多地注意和学习面部表情的控制，而很少注意脚和腿的运动控制之故。

从对人类情绪表达的争议来看，一般都同意：情绪表达的方式是天生的，但情绪表达的时机则与后天学习有关。人不需要学习如何哭如何笑，但却要学习何时哭何时笑。

（三）情绪表达的社会制约性

基本情绪的表达具有先天遗传性，但它们的具体表露却受社会文化因素的制约，特别是复杂情绪的表露更是如此。

由于我们的情绪表达能被别人识别，而情绪表达又具有一定的社会价值。因此，在什么情况下表达何种情绪是人们后天学会的。有时我们力图掩盖自己的真正情绪，有时甚至故意表现出和内心情绪不一致的表情，有时则力图夸大或修饰我们的表情。这些现象被称为情绪的“表露规则”。尽管伴随特定情绪的面部肌肉运动模式是由生理决定的，但这种运动显然是受“表露规则”控制的，受社会文化因素制约的。

（四）情绪表达的差异性

对非言语的情绪表达存在着个体差异。Hall 分析了 125 项对非言语线索的敏感性的研究，指出在解读人的情绪线索时，女性一般都优于男性。这种优势使女性更善于识别谎言。在识别一对男女是不是情侣时，女性表现得比男性好。在识别照片中的两个人谁是谁的上司时,女性的表现也超过男性。

女性的非言语敏感性可能是传统性别角色的产物,这使她们具有更强的情绪识别能力。巴雷特和她的同事描述了男女对特定情境的不同情绪感受,结果显示男人描述的情绪反应更简单,而女人表达出更复杂的情绪。

据调查,相对于男性而言,女性会尽可能多地表达共情。有学者让男性和女性观看关于悲伤(孩子与垂死父母在一起)、快乐(喜剧)或恐怖(一个男人几乎从高楼上摔下)的电影短片,然后把他们的表现拍成录像带进行观察,结果发现了共情的性别差异。女人对每一种电影短片的反应都更明显。

在另一项对性别和面部表情的研究中,Hill 和 Johnton 抓拍了一组伦敦大学的学生读笑话时的面部表情(傻笑、摇头、眉毛上扬),再把它们剪辑成没有性别特征的面部特写。尽管没有了性别特征线索,观察者通常还是能从难以掩饰的表情中发现性别的不同。

非常小的婴儿的面部表情是无性别差异的,可是让幼儿观看一些愉快的、令人迷惑的或不愉快的幻灯片,同时拍下他们的面部表情,然后让大学生辨别这些幼儿的表情,结果表明,女孩的表情比男孩的表情更容易被确认。这可能是由性别角色社会化所致。

情绪表达明显地受文化因素影响。尽管在不同文化背景下,基本情绪都有一致的面部表情,但是在情绪表达上表现出程度上的不同。在鼓励个性化的文化中,如西欧、澳大利亚、新西兰和北美,情绪的表现通常是强烈而持久的。人们关注自己的目标和态度,并相应地表达自己。当看到电影中有人的手被切割时,美国人会做出痛苦的表情(不管是独自一人还是有其他观看者);而当有人在场时,日本的观众则会隐藏他们的情绪。亚洲人通常不表现负性的和自我膨胀的情绪,因为这可能损害与亲密群体共有的情感。此外,在亚洲及其他强调人与人之间的社会关系和相互依存的文化中,像同情、尊敬和羞耻这样的情绪都表现得比西方更普遍(李美华,2014)。

二、情绪的认知成分

情绪和认知是带有因果性质和互相伴随而产生的。情绪可以发动、干涉、阻滞或破坏认知过程和行为;认识对事物的评价则可以发动、转移或改变情绪反应和体验。情境的意义对一个人如何对情境做出情绪反应至关重要。情绪的首要认知元素是人们对所发生情境的评价(appraise),或对该情境即刻意义的评估(如它是否危险、威胁或者无害)。情绪的第二个认知元素是给发生的情绪状态贴标签(label)。很多情绪的生理唤醒体验是非常相似的。例如,当我们焦虑和兴奋时,交感神经系统都会被唤醒,因而我们如何给自己的情绪状态贴标签将决定我们的情绪体验。坐过山车时,有人会把自己的体验解释为兴奋或者惊险,但也有人会将之解释为可怕和厌恶。这就引出第三个重要的认知元素,即我们评估(evaluate)自己的反应是积极还是消极。对于那些将坐过山车的体验评估为积极的人,将会享受坐过山车并愿意再次乘坐。

这种评价、贴标签和评估的过程也塑造了我们未来的情绪反应。惊恐发作与极端的生理唤醒有关,是"战斗或逃跑"反应机制的一部分。尽管惊恐发作非常令人不安,但并不会危及生命,也并不罕见。人们如果以灾难化的方式来解释最初的惊恐体验,例如"我要疯了"或者"我要死了",并且将惊恐发作评估为极端消极并贴上这种标签,就最有可能发生长期惊恐障碍。在这种情形下,人们会担心发生下一次惊恐发作。这增加了他们的焦虑水平和生理唤醒,从而也使他们更可能再次体验惊恐发作。此外,如果个体把惊恐发作与特定的情境联系起来,当他们再次处于这种情境时就会高度焦虑,可能会变成恐惧症。例如,如果病人在一次磁共振成像(MRI)扫描时发生惊恐,在进行下一次MRI检查时就会更加焦虑,因此会增加再一次惊恐发作的概率。

简言之,人们赋予惊恐体验的意义会导致人们因为即将到来的焦虑而变得焦虑,形成了一个自我实现的循环。然而,尽管认知成分本身对于情绪来说是必要的,但不是充分的。情绪很少有意识地启动,我们不能强迫自己感到恐惧、厌恶或者愤怒,而伴随着情绪的生理反应则是我们如何感受的重要部分。

比如,心境对认知的影响是弥散性的。积极心境和消极心境对认知和行为的影响是不同的,积极心境会加速对决策有关的材料的加工,促进思维的流向,使人不费力地回忆起许多材料,从而简化决策过程的复杂性。同时,积极心境下的人爱用肯定的眼光看事物作判断,通常表现出积极的行为;而消极心境下的人往往用否定的眼光看事物作判断,通常表现出消极的行为。心境对记忆的影响还表现在与心境一致的材料比不一致的材料更容易编码和提取,情绪对认知的干扰作用也是在生活中经常遇到的。例如,当一位大学生在写论文的时候,如果忽然想起激动人心的足球赛或与女朋友的争执,情绪波动可能打断他的认知活动,使论文无法写下去。

三、情绪的生理成分

情绪的生理成分源于脑内很多结构组成的边缘系统(limbic system)。边缘系统控制自主神经系统和内分泌反应,并且涉及学习和情绪调节。例如,杏仁核对恐惧唤起尤为重要,恐惧时杏仁核是激活的。如果杏仁核受到损害,动物在面临危险时就不知道或不能学会恐惧。

情绪也涉及额叶皮层(frontal cortex)区域。学界认为,边缘系统负责做出快速的第一反应,而皮层会做出较慢的次级反应,以调节最初的反应。这可以解释为什么我们通常会在思考之前就产生反应或"感受"。皮层能够抑制情绪和行为反应,这一作用最初是在Gage的案例中发现的。研究已经显示,眶额叶皮层尤其在抑制情绪和行为反应方面起着重要的作用。例如,眶额叶皮层的受损与愤怒、焦虑、骄傲、抑郁、无故哭泣或发笑的多发有关,而且也与情绪信息的过滤功能受损有关。

情绪发生时,体内由植物神经系统支配的内脏器官和内分泌活动会发生变化。例如,在某些情绪状态下,呼吸的频率、深浅、快慢等都会发生变化。如突然惊恐时,呼吸会暂时中断;在狂喜或悲痛时,呼吸会发生痉挛。在情绪发生时,循环系统也会发生变化,如心率的快慢、血管的舒缩、血压的升降、血糖的增减等。肯定性情绪体验通常促进胃液、唾液、胆汁等消化液的分泌;而否定性情绪体验常常抑制消化腺的活动,从而使食欲减退,导致消化功能失调。大多数伴随情绪而发生的生理变化是由植物神经系统支配的。植物神经系统分为交感神经系统和副交感神经系统。这两个系统共同支配着同一个器官,但起着拮抗的作用(表1-1)。

另外,在不同的情绪状态下,脑电波也会发生变化。通常,人体处于清醒、安静状态时,脑电波呈现出α波,而在紧张焦虑状态下则出现高频率、低振幅的β波。

表1-1 交感和副交感神经系统对器官的支配作用

器官	交感神经系统	副交感神经系统
瞳孔	扩大	缩小
眼球	突出	后退
心脏	变快	变慢
血管	收缩	扩张

四、情绪的行为成分

情绪的行为成分可以分为行动倾向、非言语反应和面部表情。情绪的行为成分是其目的的一部分，换句话说，情绪使我们想做某些事情（Frijda，1986）。情绪会干扰我们正在做的事情，并占据优先地位。情绪是早期的警告信号，表明有些事情需要我们注意。研究显示，消极情绪会导致注意焦点局限于任何激发消极情绪的事情之上。相反，积极情绪会导致注意范围扩展，并使我们对事件的反应更多地依赖于简单直觉。

因此，情绪能引导我们的注意。生理反应使身体为行动作好准备，而行动倾向则为我们提供应对情境的方法，如当我们遇到威胁时，是进行战斗还是逃跑。战斗或逃跑反应在极端情境中当然可以观察到，但是人们并不总是以这种方式反应。

情绪的行为成分也包括情绪的非言语表达（如躯体姿势或握紧的拳头）和面部表情。研究显示，面部表情会影响我们如何给我们的情绪贴标签。在要求人们绷紧自己的面部肌肉以模仿“微笑”表情的研究中显示，此时给他们刺激，如电影片段或图片，人们会报告更多的积极情绪反应。根据表情反馈假设（facial feedback hypothesis），来自面部肌肉的信号被大脑用来解释我们正在感受到的是哪种情绪（Izard，1991）。

当情绪产生时，情绪体验的过程包括认知层面的主观体验、生理层面的生理唤醒、表达层面的外部行为。情绪的主观体验是人的一种自我觉察，即一种感受状态。人有许多情绪，如喜怒哀乐。人在情绪反应时，常会伴随生理唤醒。比如，当人激动的时候，血压会升高；紧张时，心跳会加快；愤怒时，浑身会发抖。在情绪产生时，人还会出现一些外部行为反应，这是情绪表达的过程。如人悲伤时会痛哭流涕，激动时会手舞足蹈，高兴时会开怀大笑。只有这 3 个组成部分同时活动、同时存在，才能构成一个完整的情绪体验过程，只有两个或其中一个，不会产生一个真正的情绪过程。例如，当一个人生气时，他只有愤怒的外在行为，没有内在主观体验和生理唤醒，称不上真正的情绪过程。

第四节　情绪中枢的脑机制

一、前额叶皮层

有关动物和人类的大量研究资料显示，前额皮层（PFC）的各个部分都与情绪有关。灵长类动物的 PFC 可分为 3 个 J 区:背侧 PFC、腹内侧 PFC 和眶额皮层。PFC 的机能具有不对称性,左侧 PFC 与积极感情有关,右侧 PFC 与消极感情有关。有关研究主要来自 3 个方面。

(一)正常人的研究

Davidson 等人研究报告,由情绪电影诱发的厌恶和恐惧能提高右侧前额叶和额叶的激活,而诱发的积极情绪引起了左侧前额叶的激活。Sutton 等人用正电子发射断层成像技术测量大脑的局部葡萄糖代谢,结果发现,在消极情绪产生时,右侧的前眶额、前脑回的代谢率提高;在积极情绪产生时,左侧后中央脑回的代谢率提高。Beauregard 的研究表明,在对消极图片的反应中,右侧前颞叶被激活。

(二)脑损伤患者的研究

比较左侧和右侧大脑损伤病人的心境,发现左侧 PFC 损伤后,个体会出现抑郁。原因是这一脑区参与了积极情绪的加工,它的损伤会导致体验积极情绪的能力缺失,这是抑郁症的一种标志性特征。Morris 等人(1996)的研究也表明,左侧 PFC 损伤和抑郁症状有关系。

(三)情绪障碍的研究

Davidson 等人发现,当社交恐惧症者期待公开演说时,与控制组相比,右侧 PFC 被强烈激活。同样,右侧前颞区的激活也显著高于控制组,而左侧前颞区的激活低于控制组。Rauch 等人发现,在实验诱发焦虑时,焦虑患者的右下 PFC 和右中央眶额被激活。研究表明,左侧 PFC 与趋近系统和积极感情有关,右侧 PFC 与退缩系统和消极感情有关。

二、杏仁核

杏仁核对鉴别和产生消极感情有重要作用,在厌恶学习中也很重要。脑损伤的研究发现,杏仁核损伤的病人不能识别恐惧的面部表情,但能识别其他面部表情。双侧杏仁核损伤的病人对恐惧和愤怒声音的识别有困难(Scott et al.,1997),对厌恶刺激也无反应,说明杏仁核对识别威胁或危险线索是重要的。

对正常人进行的研究也表明,在厌恶条件作用的早期阶段,杏仁核被激活。诱发消极情绪的实验也可以观察到杏仁核的激活。在对消极图片的反应中,杏仁核被激活(彭聃龄,2018)。

三、情绪与下丘脑

下丘脑(hypothalamus)位于第三脑室下部、视交叉后部、脑垂体上缘。下丘脑体积不大,但结构复杂,是重要的中枢。它包括4个区域,即前区、外侧区、内侧区和后区,以及许多神经核团。

许多种动机和情绪行为的中枢在下丘脑。有机体的“摄食中枢”“厌食中枢”和“饮水中枢”都在下丘脑,这些中枢的兴奋都与情绪反应有关。此外,用尖端埋藏在下丘脑内的电极对未麻醉的动物进行逐点刺激发现,动物有两类行为反应:①斗争像发怒的模式(怒吼和发嘶声、耳朵后倒、竖毛及其他交感神经的反应)。②逃避像恐惧的模式(扩瞳、眼射来射去、头左右转动,最后逃走)。当刺激去大脑动物的下丘脑时,动物也出现愤怒和恐惧行为。因此,下丘脑被认为是支配愤怒和恐惧的中枢。

美国心理学家Olds等(1954)对老鼠进行的著名的埋藏电极实验,用老鼠“自我刺激”的方法,发现老鼠的下丘脑中存在一个“快乐中枢”。另有人将此方法应用于人类,用电极刺激病人下丘脑的有关部位时,病人会面带微笑,表现出高兴的样子。

四、情绪与网状结构

网状结构(reticular structure)对维持大脑皮层兴奋水平,保证人处于清醒状态有重要作用。研究表明,网状结构对情绪的激活也有重要影响。

网状结构靠近下丘脑的部分,既是情绪表现下行系统中的中转站,又是上行警觉激活系统的中转站。这就是说,网状结构靠近下丘脑部位接受来自中枢和外围两方面的冲动,向下发放引起各种情绪的外部表现;向上传送可使某种情绪处于激活状态,并经过大脑皮层的活动产生主体的体验。美国心理学家Lindsley指出,网状结构的功能在于唤醒,它是情绪产生的必要条件。

五、情绪与边缘系统

边缘系统(limbic system)是位于大脑半球到间脑并延伸到中脑的一个较大的、非均一的、最原始的神经结构,包括丘脑、下丘脑、海马和杏仁核。低等哺乳动物也有这种结构。刺激边缘系统不同部位所引起的情绪反应是很复杂的,可以表现为愉快反应,也可以表现为愤怒反应;可以表现为血压升高或降低,呼吸加快或变慢,胃肠运动加强或减弱，瞳孔扩大或缩小等。

六、情绪与大脑皮层

人类的大量情绪是在大脑皮层（cerebral cortex）的控制和调节下产生的，对情绪的调节不是发生在大脑皮层的某一区域，而是不同区域协同活动的结果。不同的情绪有不同的活动模式。去除大脑的动物的情绪反应是盲目的、无目标的。正常动物的情绪反应必须有大脑皮层参与。研究表明，边缘系统也是处于大脑皮层神经回路控制之下的。因此，情绪的脑机制可以概括如下：对情绪刺激的认知在大脑皮层的相应区域产生，然后将冲动传给下丘脑和边缘系统，导致植物性神经系统的生理反应并产生某种特殊类型的情绪行为，同时，对自己情绪状态的认知（感受）也在大脑皮层中产生了。

大脑皮层在情绪和情感中起着重要的作用，但大脑两半球在情绪的控制和调节上存在一定的差异。Ross 和 Mesula 发现，和左半球言语中枢相对称的右半球相应区域受损伤的病人能够理智地说话，却缺乏言语的情绪色彩，说话时就像受计算机支配似的。这似乎说明言语的内容和结构是由左半球加工的，而言语的情绪色彩是由右半球控制的。右脑皮质前部受损的病人不能用面部表情和语声变化来表达情绪，但能理解他人的表情。相反，右脑皮质后部受损的病人能表达情绪，却不能识别他人的表情。这两部分都受损伤的病人则既不能表达情绪也不能鉴别情绪。说明情绪识别和情绪表达在大脑皮层上可能有定位。综合许多对正、负情绪的脑电活动的比较研究说明，正情绪（positive emotion）引起左半球更多的脑电活动，而负情绪（negative emotion）引起右半球更多的脑电活动。

七、情绪是生理和心理多水平整合的产物

（一）情绪的产生在神经生理上是多水平整合活动的结果

一定的情绪状态总伴有内脏器官、内分泌腺或神经系统的生理变化，例如表现为血压升高或降低，呼吸加快或变慢，胃肠运动加强或减弱，瞳孔扩大或缩小等由植物性神经系统变化所引起的生理反应。情绪的产生在神经生理上是多水平整合活动的结果，它涉及广泛的神经生理生化活动，包括中枢神经系统、躯体神经系统、自主神经系统和内分泌系统。

人类情绪同人类大脑皮层的进化密切相关。情绪发生在脑进化的低级阶段，特别是与调节和维持生命有关的神经部位相联系，诸如丘脑系统和脑干结构。这

些部位的神经功能在动物机体和人类中均存在，对情绪的整合起着重要的作用。它们中的某些部位，如下丘脑，被看作整合情绪的中枢。

随着种族进化过程的演变，情绪的发生和分化同大脑新皮质的形成和分化是同步进行的。大脑皮层在结构和功能上的分化与处于进化中的人类面孔和骨骼肌的分化发展是平行的。大脑皮层对来自颜面肌肉系统的内导信息的精细分析、大脑皮层与皮层下情绪中枢的固定联系，是人类情绪高度分化和无限多样的机制。

除了中枢神经系统从低级到高级部位参与情绪的整合之外，整个外周神经系统也参与情绪的整合。比如，躯体神经系统，在与大脑高级中枢的联系中，介入各种表情的发生或抑制；自主神经系统在情绪过程中由于被脑的低级部位激活，对情绪活动起着加强和延续的作用；内分泌系统的活动与情绪唤醒的关系更为密切，多种激素除影响有机体一般生理过程从而影响情绪以外，某些激素作为神经化学递质则直接激活情绪。由此看来，每一次情绪的发生，都是中枢神经系统各级水平、躯体神经系统、内分泌系统的整合活动的结果。

（二）情绪是心理多级水平的整合结果

从进化的角度看，任何动物都是在它所处的心理进化阶梯的一定程度上实现情绪整合。从人类个体发展看，感情可以从感觉到意识，从情绪状态到人格特质的多级水平上并存；从认识水平上区分，有感知水平上的情绪反应，也有认知水平上的情绪反应；从社会化程度上区分，有与本能需要相联系的情绪反应，也有与生物社会性事件相联系的情绪反应。

从情绪存在形式上区分主要包括：

（1）情感反应。如快乐、悲伤、焦虑等，这些都是通过面部表情、声调变化、躯体姿态所表现的对外在影响的适应性行为。

（2）感情状态。比如心境、兴趣等。心境是脑的加工过程的背景，心境有各种色调，如喜悦、忧伤、沉闷、紧张等。

（3）情绪特质。情绪既可能以状态的形式存在，也可能以特质的形式存在。情绪被镶嵌在个性（气质、性格）之中，成为个体人格结构的组成成分，它们在个体的整体行为和态度中显露出来。比如《红楼梦》中的林黛玉和史湘云，境遇颇为相似：都是孤儿，过着寄人篱下的生活，然而情绪反应完全不同。林黛玉身上抑郁质的成分居多，对于自身处境的感受性强而耐受性低，故悲哀、犹豫的时候较多。她对生活的体验是“一年三百六十日，风刀霜剑严相逼”，并因经常愁眉不展的表情而被称为颦儿。史湘云属于多血质，初出场时“大说大笑”，后来“醉眠芍药”时“泉香酒洌醉扶归”，她似乎未哭过，也没有长时间地烦恼过，却经常萌发欢快之情。

第五节　情绪理论

一、James – Lange 的外周情绪理论

心理学上最早对情绪提出系统理论解释者，当推 19 世纪末美国先驱心理学家 James。差不多在同一时期，丹麦生理学家 Lange 提出了与 James 类似的情绪理论。后来合称为 James – Lange 情绪理论（James – Lange theory of emotion）。其认为机体变化和植物性神经系统的变化是情绪产生的原因。James 强调情绪就是对身体变化的知觉。兰格认为情绪是内脏活动的结果。该理论认为，情绪是由于某一情境的变化引起自身状态的感觉。

James 说：“常识告诉我们，我们失去财产，觉得难过并哭泣；我们碰上一只熊，觉得害怕而逃跑；我们受到一个敌手的侮辱，觉得发怒而打起来。这里我们要为之辩护的假设是：这样的序列是不正确的，这一心理状态不是直接由另一状态引起的，在两者之间生理表现必须首先介入。更合理的说法是：我们觉得难过是因为我们哭泣；发怒是因为我们打人；害怕是因为我们发抖，而不是因为我们难过、发怒或害怕，所以才哭、打人或发抖。没有知觉的生理状态，则知觉便纯粹是认知性的，是苍白无色彩的，缺少情绪温度的，于是，我们或许会看到熊而决定最好是逃跑，受了侮辱而认为去打击对手是对的，但我们并不真正觉得害怕或发怒。”在 James 看来，情绪就是对外周机体变化的觉知。

Lange 认为，血管运动的混乱、血管宽度的改变，以及与此同时各个器官中血液量的改变，乃是激情真正的最初的原因。他认为，随意神经支配加强和血管扩张的结果，就产生愉快，而随意神经支配减弱、血管收缩和气管肌肉痉挛的结果，就产生恐惧。Lange 说：“假如把恐惧的人的身体症状除掉，让他的脉搏平稳，目光坚定，脸色正常，动作迅速而稳定，语气强有力，思想清晰，那么，他的恐惧还剩下什么呢？”在 Lange 看来，情绪就是对机体状态变化的意识。只不过与 James 看重骨骼肌肉系统的活动不同，Lange 看重的是血液及内脏系统的变化（图 1 – 2）。

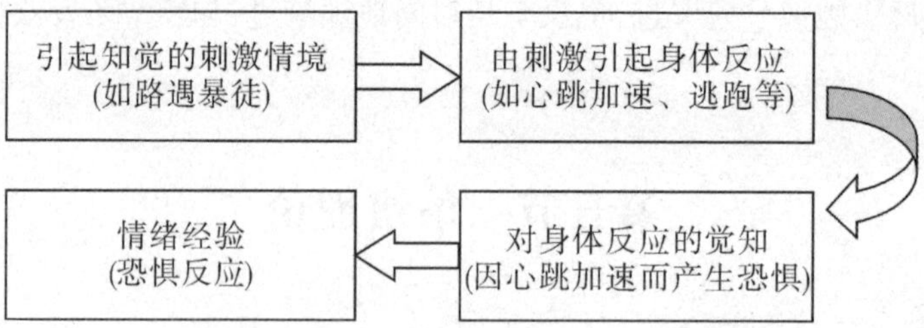

图 1－2　James－Lange 理论图解(在肌体唤起和行为出现后,你感到心在怦怦地跳,呼吸加快,脸发烧,出汗,这些反应构成情绪体验)

James－Lange 的情绪理论引起了一系列的实验研究,因为这一理论至少有 3 方面的含义需要实验证明。

(1)如果对外周生理反应的知觉就是情绪,那么每一种情绪都应有不同的生理唤醒模式。例如,愤怒的生理反应模式应当不同于恐惧的生理反应模式。因为如果生理反应模式无差别,那就无法区分这两种情绪。近来的研究资料表明,自主神经系统的生理反应模式有可能随不同情绪状态而异。例如,愤怒和惧怕虽然都会导致心率加快,但愤怒时手脚血流量增多,惧怕时手脚血流量减少。当人从心理上“解除”不同的情绪体验时,自主神经系统的生理反应也不同。然而,反过来,不同外周反应的差异的知觉是否就导致人产生不同的情绪体验呢？在这方面,西方心理学家曾做过许多实验,但无法得出明确的结论。

(2)如果对外周生理反应的知觉就是情绪,那么剥夺身体的外周生理反馈就不应该体验到情绪。有人通过对脊髓受损伤的士兵的研究,探讨了这一问题。脊髓被截断后,损伤点以下部位的感觉就不能传递到脑。因此,脊髓损伤部位越高,反馈感觉就越少。研究表明,脊髓受伤者仍有情绪体验,但强度降低了。损伤部位越高,情绪状态也会随着损伤程度而下降。脊髓高位损伤的病人说,他们能做出情绪行为,但感觉不到情绪。这一结果说明,没有外周的生理反应的广泛反馈,情绪照样出现,但反馈量与情绪强度密切相关。

(3)如果对外周生理反应的知觉就是情绪,那么倘若有人有意识地控制外周生理反应的出现,则与这种反应相联系的情绪也应该出现。关于面部反馈(facial-feedback)的研究对这一问题作了某种回答。Ekman 等要求职业演员移动特定的面部肌肉或五官位置,结果发现,面部结构的不同形状导致与正常情绪反应相似的自主神经系统的生理反应,并且面部结构的不同形状导致不同的反应模式。在另一项研究中,90% 的非演员被试也报告他们体验到了与面部表情相应的情绪。有趣的是,惧怕、愤怒、厌恶、悲伤的表情起作用,而笑容并不产生这种效应。或许还是因为人们平时经常把笑容作为社会交往的工具,与其他表情相比,笑容较少和情绪体验相联系。这些研究看来是支持 James – Lange 理论的。但是,面部表情总是和以往的情绪体验相联系的,这些结果很可能是通过记忆的激活来唤醒与此表情相联系的情绪。

看来,事实并非像 James – Lange 理论所断言的那样:除去对外周生理反应的知觉,情绪就不会产生。外周生理反应显然不是情绪的唯一来源。

二、Cannon – Bard 的丘脑情绪理论

最先对 James – Lange 理论提出批评的是 Cannon 及其弟子 Bard,他们的有关理论被称为 Cannon – Bard 情绪理论(Cannon – Bard theory of emotion)。Cannon 提出,激发情绪的刺激由丘脑进行加工,丘脑产生的神经冲动向上传至大脑皮层,引起情绪的主观体验;向下传至交感神经系统,引起机体的生理变化。身体变化和情绪体验是同时发生的。

他们认为:①内脏是相对不敏感的器官,其反馈很差,仅依靠内部器官的反馈我们不可能区分所体验到的多种情绪。②在非常不同的情绪状态下会出现相同的内脏变化。③人为地引起某种强烈情绪的典型内脏变化,并不产生相应的情绪。④内脏变化太慢,因此不能成为情绪体验的来源,因为情绪变化毕竟是爆发性的。⑤使内脏完全脱离中枢神经系统并不改变情绪行为。与此同时,他们认为,自主神经系统的生理反应无助于情绪的发生,情绪的产生是大脑皮层解除丘脑抑制的功能,即激发情绪的刺激由丘脑进行加工,同时把信息输送到大脑及机体的其他部分。输送到大脑皮层的信息产生情绪体验,输送到内脏和骨骼肌的信息激活生理反应。身体变化和情绪体验是同时发生的,而情绪体验是由大脑皮层和自主神经系统共同激起的结果(图 1 – 3)。

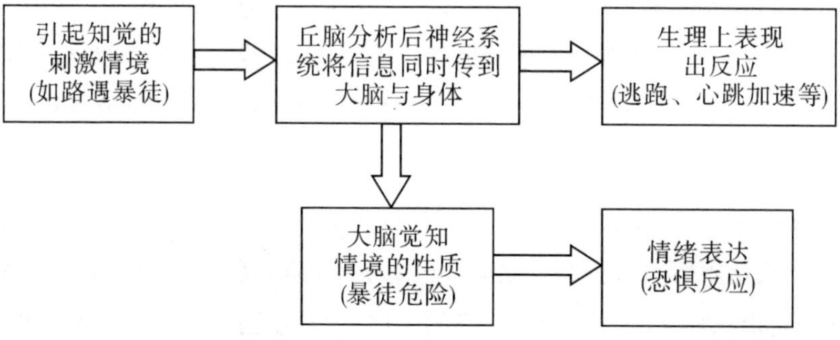

图 1 – 3　Cannon – Bard 理论图解(由丘脑同时发动肌体唤起、行为和情绪体验)

Cannon－Bard 理论强调大脑皮层解除丘脑抑制的机制，情绪的外周性研究对推进中枢机制的研究具有积极意义。后来人们也确实发现下丘脑有所谓的“快乐中枢”和“痛苦中枢”。

三、Schachter－Singer 的激活归因情绪理论

Schachter－Singer 提出的情绪归因论（attribution theory of emotion）认为，情绪既来自生理反应的反馈，也来自对导致这些反应情境的认知评价。因此，认知解释起两次作用：第一次是当人知觉到导致内脏反应的情境时；第二次是当人接收到这些反应的反馈时，把它标记为一种特定的情绪。Schachte 认为，脑可能以几种方式解释同一生理反馈模式，给予不同的标记。生理唤醒本来是一种未分化的模式，正是认知过程将它标记为一种特定的情绪。标记过程取决于归因，即对事件原因的鉴别。人们对同一生理唤醒可以做出不同的归因，产生不同的情绪，这取决于可能得到的有关情境的信息。

Schachter－Singer 做过一个有名的实验。他们给被试注射一种药物，并告诉他们这是一种复合维生素，目的是测定这种新药对视力的影响，但实际上注射的是肾上腺素和生理盐水。注射肾上腺素能引起心跳加快、血压升高、手发抖、脸发热等生理反应。被试分为 3 组：正确告知组、错误告知组和无告知组，分别给予不同的指示语。对于正确告知组，即告诉他们注射这种新药会出现心跳加快、手发抖、脸发热等反应；对于错误告知组，有意错误地告诉他们注射这种新药可能会出现无感觉、发麻、发痒、头痛等反应；对无告知组，主试什么也没有告诉他们。注射生理盐水的所有被试都列为无告知组，然后，人为地安排了两种实验情境：一种是欣快的环境，一种是愤怒的环境。所谓欣快的环境，是由主试的助手（这个助手是受过训练的，他和被试一起，被试以为他也接受同样的注射，在同样的情况下参加实验）同被试一起唱歌、玩耍和跳舞。所谓愤怒的环境，是主试的助手当着被试的面对主试要他填写调查表表示出极大的愤怒，不断咒骂、斥责并把调查表撕得粉碎。实验后，主试询问被试当时的内心体验。

结果如表 1－2 所示，错误告知组的反应最容易受助手的高兴情绪所感染，正确告知组的反应不容易受环境气氛的影响，无告知组的反应则介于上述两组之间。同样，他们对愤怒环境的反应也是一样的。该实验说明，注射肾上腺素虽然引起了典型的情绪唤醒状态，但其单独作用不能引起人的情绪；同样，环境因素也不能单

独决定人的情绪。在这里,认知对人的情绪的产生起着决定性的作用。处于生理唤醒状态的错误告知组,因对其自身的生理状态不能做出恰当的说明,一方面环视周围环境,以求得某些说明的线索,同时又认为自己之所以体验到这种生理反应,乃是由环境的气氛所致,于是就把自己的生理状态与环境线索相适应,说成是欢乐或愤怒。正确告知组由于已经具有说明自己生理反应的信息,便不去寻找环境中的线索。无告知组从主试那里什么信息也没有得到,完全按自己的评价做出反应。

表 1－2　Schachter－Singer 的实验结果

被试		行为反应	
		欣快气氛	愤怒气氛
注射肾上腺素	正确告知组	几乎不受影响	几乎不受影响
	错误告知组	高度受影响	未研究
	无告知组	一定程度上受影响	一定程度上受影响
注射生理盐水	无告知组	稍微有点受影响	稍微有点受影响

于是 Schachter－Singer 认为,情绪是认知因素和生理唤醒状态两者交互作用的产物,因而 Schachte－Singer 的情绪理论又称情绪二因素论(two－factor theory of emotion)。实际在上述实验中,认知对情绪可能有 3 种作用,即对情绪刺激的评价和解释、对引起唤醒原因的认知分析、对情绪的命名以及对所命名情绪的再评价。

这个实验说明,来自环境中的刺激、生理因素、认知评估 3 方面的信息经过大脑皮层的整合作用,才产生了某种情绪体验。Schachter 提出情绪产生包含 3 个系统:第一个系统是对来自环境的输入信息的知觉分析;第二个系统是由长期生活经验建立的对外部影响的内部模式;第三个系统是现实情境的知觉分析和基于过去经验的认知加工间的比较系统,称为认知比较器,具有生化系统和神经系统的激活机构,与效应器相联。正确告知组之所以没有感到愉快和愤怒,在于把身体反应解释为药物导致的。

Schachter－Singer 理论认为,情绪的产生是由外界环境刺激、机体的生理变化和认知因素三者相互作用的结果,其中起决定作用的是认知过程。对于特定情绪而言,有两个必要因素:一是个体必须体验到高度的生理唤醒,如心率加快;二是个体必须对生理变化进行认知性唤醒(图 1－4)。

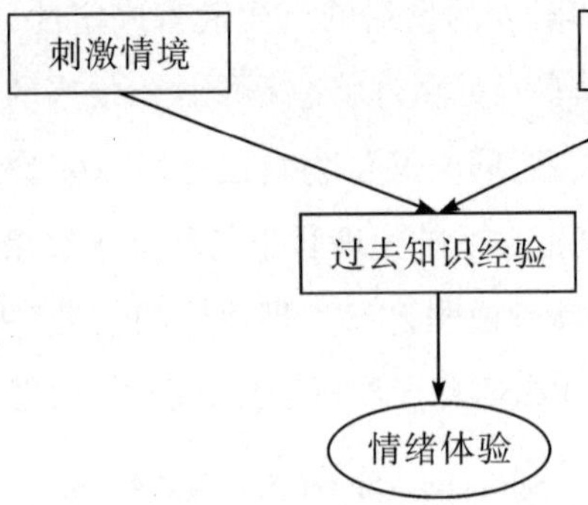

图 1-4　Schachte-Singer 理论图解(唤起本身并不能产生情绪,必须对唤起加上标签或进行解释)

四、Arnold-Lazarus 的情绪认知评价理论

情绪认知评价理论(cognitive evaluation theory of emotion)是 20 世纪 50 年代美国心理学家 Arnold 提出的,后又为 Lazarus 进一步扩展。该理论也称为认知-评估理论、情绪评估-兴奋学说,强调认知评价在情绪中的作用(图 1-5)。

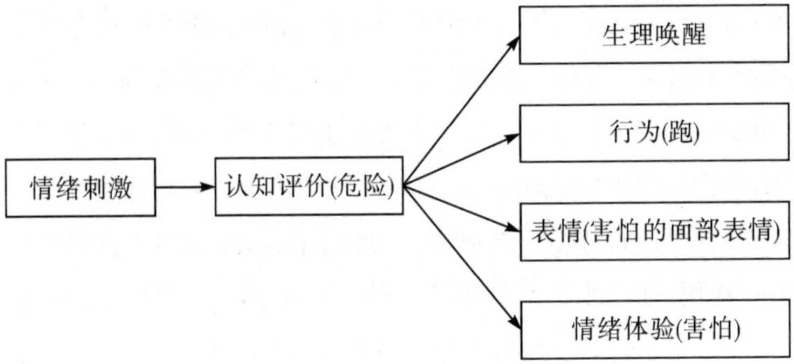

图 1-5　Arnold-Lazarus 的情绪认知评价理论图解

认知评价导致生理唤醒、行为、面部表情或姿势,以及情绪体验。唤醒、行为或表情既增加情绪体验,情绪体验又可影响评价,而评价又进一步影响唤醒、行为、表情和情绪体验。

Arnold 认为,我们总是直接地、自动地并且几乎是不由自主地评价着遇到的任何事物,情绪就是一种朝向评价为好的东西或离开评价为坏的东西的感受倾向。他认为,评价补充着知觉并使人产生去做某种事情的倾向,任何评价都带有感情体验的成分。其中,记忆是评价的基础,任何新的事物都是按照过去的体验来进行评价的;想象是评价的重要环节。在开始行动之前,当前的情境和有关的感情记忆使我们推测未来。整个评价的复杂过程几乎是在瞬间发生的。

Lazarus 进一步把 Arnold 的评价扩展为评价、再评价等过程。Lazarus 认为情绪是人与环境相互作用的产物,情绪是个体对环境事件知觉到有害或有益的反应,因此,在情绪活动中,人需要对刺激事件与自己的关系进行不断评价,包括 3 个层次:一是初评价,即确定刺激事件与自己是否有利害关系,如认为对自己有贬低性和攻击性,就会出现愤怒的情绪。这对个体的生存很重要。二是次评价,即调节和控制自己的反应行为,在做出反应之前需要根据自己的经验判断怎样做出合适的反应。三是再评价,即评价情绪和行为反应的有效性和适宜性,这是一种反馈性行为,必要时要改变自己的行为反应。这一过程包括筛选信息、评价、应对冲动、交替活动、身体反应的反馈、对活动后果的知觉等成分。他建议对个人所处情境进行评价,以及对可能采取的行动进行评价。只要事物被评价为与个人生活的重要方面有联系,他就会产生情绪体验。每一种情绪均包括生理反应、行为和认知 3 种成分,它们在每种特定的情绪中各自起着不同的作用,而且相互作用、互为因果。这三种成分的不同组合便构成各种具体情绪模式的特定标志。Lazarus 还强调,个性心理结构(如信仰、态度、人格特征等)是认知因素的一个决定性条件。他认为,文化对情绪的影响是复杂的,主要有 4 种方式:通过对情绪刺激的理解,通过文化直接影响表情,通过确定的社会关系和判断,以及通过高度礼仪化的行为,如在丧礼上的悲哀。

Arnold - Lazarus 的认知评价情绪理论既承认情绪的生物因素具有进化适应的价值,也承认情绪受社会文化情境的制约,受个体经验和人格特征的制约,而这一切又随时发生在对任何事物的认知评价中。这种理论把现象学的研究、认知理论和情绪生理学的研究结合起来考虑,是较为合理的,有助于推进对情绪及情绪与认知关系的研究。

情绪现象极其复杂,心理学家们从情绪的各个不同的侧面如情绪行为、情绪生理、情绪认知、情绪表现和情绪鉴别等方面进行研究,并提出各自的理论解释。当代情绪研究的总趋势是力图将各种研究成果加以综合,形成一个完整的情绪理论。

第二章　情绪调节

第一节　情绪调节概述

在 Thomposon(1994)看来,情绪调节是适应社会现实的活动过程,要求个体的情绪反应灵活、适应、适度,从而可以快速有效地适应不断改变的社会环境。这表明,在社会交往、社会环境、社会适应及心理监控等方面,情绪调节具有重要的作用。

一、情绪调节的定义及特点

情绪调节(emotion regulation)是个体管理和改变自己或他人情绪的过程。在这个过程中,个体通过一定的策略和机制,使情绪在生理活动、主观体验、表情行为等方面发生一定的变化。情绪调节主要解决个体对他们自身产生何种情绪、何时产生,以及如何产生和表达情绪的影响过程。情绪调节策略和情绪调节能力对于个体心理健康、生理健康和社会适应健康起着极其重要的作用。

(一)情绪调节的恒定性

情绪调节的恒定性是指维持适度的情绪体验和表情。由于情绪调节是一种管理、指导和调整情绪反应与情绪行为,以适应环境要求的过程,因此情绪调节要根据环境的要求,将情绪体验和表情的强度和持续时间控制在一定范围之内。恒定性是情绪调节的重要特性,只有情绪保持恒定,个体才可能更好地适应环境。情绪稳定性的参照目标(reference goal)是情绪体验和表情的强度或持续时间。

(二)情绪调节过程的等级组织

情绪调节可能有多种有效的调节反馈环路,它们按等级组织起来,下级环路镶嵌在上级环路中。上级环路倾向于与长期的、抽象的目标相连，而下级环路倾向于与具体的行为机制有关，如一个人确定某种抽象的善意的目标是上级环路，而采取行动计划，给邻居的人行道铲雪，让朋友搭车，把钱送给一个无家可归的人等，就是下级环路。这些下级环路又与更下级的运动系列的环路有关，如铲雪的方式、开车的技能等。如果用低级机制取代高级机制，就可能出现调节失败。

（三）情绪调节的个体差异和文化差异

情绪调节具有个体差异，一般是按个体的愿望来调节的。例如，一个人希望平静，总是回避强烈的情绪。当这个人参加小组讨论，突然面对争论时，他就可能试图将争论平息下去。情绪调节还可能受到文化规范（cultural norms）的影响，例如，在重视自我独立性的文化中，愤怒表情是相当普遍的；而在相互依赖的文化中，愤怒表情被看成有损社会和谐的，因而是一种不适当的机能失调。

二、情绪调节的内容

情绪调节是一个动态过程，在这个过程中会改变个体目前的情绪种类、产生时长、主观体验以及表达方式。Thomposon 认为，情绪调节的过程不仅使个体内在发生改变，外在的行为表现也会改变。情绪调节的目的是个体为实现目标而对情绪反应进行监督、评估和修改。简而言之，个体在情绪产生、体验与表达的每个阶段进行调整的过程就是情绪调节。被调节的情绪成分包括生理反应、主观体验和表情行为。情绪调节具体包括如下几个方面。

（一）正性情绪和负性情绪的调节

情绪调节包括正性和负性两种情绪，也就是积极情绪的调节和消极情绪的调节。例如，愤怒时需要克制；悲伤时需要转换环境，想一些开心的事情等。情绪调节也适合于积极情绪，当学生在学校里取得了好成绩时，不能表现得过分高兴，以免影响其他同学的情绪。

被调节的情绪首先是那些让个体感到排斥并且不利于身心发展的负性情绪，如愤怒、悲伤等。一般个体会自发地调节情绪，若情绪调节失效，负性情绪逐渐累积甚至发展到极致，便转变为病理性的情绪障碍，此时个体的内部情绪调节机制已失灵，需要进行临床治疗。正性情绪也需要通过调整恢复到正常的水平，比如“范进中举”，太过强烈的正性情绪也会使人的情绪状态失衡。杨阳等（2011）利用 ERP 技术研究情绪调节策略对积极情绪以及后续认知任务的影响，发现情绪调节策略对积极情绪也会产生影响。因此，情绪调节的目的是通过一些策略方法调整超出正常范围的情绪，以恢复个体正常的状态。

（二）情绪调节的范围

情绪调节的范围包括降低过高唤醒的情绪以及提高较低强度的情绪。可见情绪调节的方向不是单一的，而是双向调节，对过高强度的情绪是抑制、弱化的过程，对较低强度的情绪是提高和强化的过程。所以调节方向和效果不同，分为增强调节和减弱调节。个体在调节过程中，主要对情绪体验或相关行为和情境进行调整。所以，情绪调节既可以是抑制、削弱、掩盖的过程，也可以是维持和增强的过程。

（三）唤醒水平的调节

情绪调节包括个体对高、低唤醒水平的调节。研究表明，高唤醒对认知操作起瓦解和破坏作用，如狂怒会使人失去理智，导致越轨行为。成功的情绪调节就是要管理情绪体验和行为，使之处于适度的水平。也有人指出，情绪调节包括削弱或去除正在进行的不适当的情绪，激活需要的情绪，掩盖或伪装某种情绪。

（四）情绪成分的调节

情绪调节不仅包括调节情绪系统的各成分，也包括调节情绪系统以外的情绪认知和行为等。情绪调节主要指情绪的生理反应、主观体验和表情行为，如情绪紧张或焦虑时控制血压和脉搏，体验痛苦时换个环境使自己开心点，过分高兴时掩饰和控制自己的表情和动作等。此外，还有情绪的格调、动力性的调节等，如调节情绪的强度、范围、不稳定性、潜伏期、发动时间、情绪的恢复和维持等。

（五）良好调节和不良调节

情绪调节是为了使个体在情绪唤醒情境中，保持功能上的适应状态，使情感表达处在可忍受且具有灵活变动的范围之内。当情绪调节使情绪、认知和行为达到协调时，称为良好调节。相反，当调节使个体失去对情绪的主动控制，使心理功能受到损害，阻碍认知活动，并导致作业成绩下降时，这种调节就是不良调节。

Cicchetti 等人强调情绪调节是为了使个体在情绪唤醒的情境中保持功能上的适应状态，帮助个体将内部的唤醒维持在可管理的、最佳表现的范围内，并使情感表达落在可忍耐而且具有灵活变动的范围之内。另外，Cicchetti 等人还指出，在面临干扰事件和条件时，情绪调节会促进任务定向行为，避免和减弱由于失败、失去和创伤带来的负性情绪压力。调节的结果是改变情绪的强度，协调情绪、认知与行为。Cole 提出情绪调节是个体以社会允许的、容忍的方式做出适当情绪反应的能力。这种能力促使个体在做出情绪反应时可以灵活、有效地控制自己的冲动，并延迟冲动行为。

Thomposon 提出，适应的情绪反应表现为：①灵活的，而不是刻板的。②依据情境而变化，而不是僵化的。③提高作业成绩的，而不是过高或过低唤醒状态。④为了适应不断变化的条件，情绪反应是快速而且有效的。总的来说，情绪调节是为了协调情绪与认知、行为，使情绪在生理唤醒、主观体验和表情行为等方面达到良好的、适应的、灵活有效的、可管理的状态。而且，情绪调节有助促进任务定向行为和认知活动，提高作业成绩，使人类功能达到最佳状态。相反，情绪失调使心理系统和组织功能受损，个体对自己的情绪没有灵活自主的控制感、把握感，阻碍认知活动，导致作业成绩下降，使个体处于不良的适应状态。

（六）有意识和无意识的调节

情绪调节过程是指在一些策略和机制的作用下，情绪被管理和调整的过程。机制是不需要个体努力和有意识地控制的自动化的过程，例如，交感和副交感神经系统对情绪反应和情感体验的作用。策略是个体为了调节情绪有意图地、有计划地努力。情绪调节机制可以体现在调节过程中自动运作的生理、认知、情绪、情绪与认知相互作用、情绪与行为相互影响等过程，属于较为基础的生理或心理水平的调节过程。策略可以是认知、行为水平上有意识的努力，如认知策略、表情行为调节策略、人际策略等。策略可以带动相应的机制，策略的长期使用也可以成为新的机制。所以，情绪调节既包含有意识的、努力的、控制的调节，也包括无意识的、无须努力的、自动的调节，可以将它理解为一个从有意识到无意识的连续体。

第二节　情绪调节的理论模型

一、单因素理论

Campos 等认为情绪产生和情绪调节不是两个分离的现象，而是单一过程的两个不同方面，情绪和情绪调节既是同时发生的过程，又是同时结束的过程。情绪是个体解释物理和心理事件的显著性时，对这种显著性的登录过程，显著性的物理本质决定了情绪的质量。知觉到的显著性决定了情绪的重要性及其迫切性。情绪调节是指情绪产生系统和表达系统中任何过程的改变。调节发生在情绪过程的任何水平、任何时候,甚至发生在情绪表现之前。

情绪和情绪调节在它们产生、表现和结束的所有阶段发生交互作用。①皮层调节发生在情绪诱发之前。很多情形下,像大脑情绪环路直接激活一样,情绪是已存在抑制的释放。②一个序列的结果能影响这个序列的开始。从情绪遭遇开始,情绪产生过程中的晚期因素,如反应选择、对结果的自信等都能影响个体情绪反应的展开。③评价的重要性。评价影响事件显著性的最初登记,因此从起点就影响情绪产生。④环境选择影响情绪。个体既能回避不期望情绪发生的场合,也能激活或选择期望情绪发生的场合。

二、双因素理论

Cole 等认为存在两种现象——情绪产生过程和情绪调节过程,可以首先诱发情绪产生,然后研究情绪调节过程如何改变已激活的情绪状态。双因素方法似乎简单、直接且富有吸引力。其结果之一是认为存在"好"情绪,如快乐、放松;"坏"情绪,如愤怒、恐惧、害羞。情绪调节的研究任务是帮助个体最大化"好"情绪,最小化"坏"情绪。

但情绪调节的双因素观又似乎过于简单。首先,不存在"纯"情绪,即不经调节就存在的情绪。"纯"情绪会有清晰的存在指标——可以用作操作定义。但是,情绪似乎不适合操作定义。相反,多种不同形态的反应可以反映同一情绪。其次,任何诱发事件都可以导致情绪的多样性。例如,在婴儿研究中经常使用上肢限制。上肢限制诱发的情绪存在不确定性,根据婴儿的内在状态和外部环境可以诱发微笑、悲哀、失望等情绪。这样,是事件的意义而不是物理组成决定着情绪。

总的来说,两种理论各有侧重,情绪产生和调节的区分既取决于如何定义情绪,还取决于实际研究的时间尺度和研究手段。情绪产生和调节不必是一次性的循环,可以是多轮循环的。在较大的时间范围内,两因素方法比较适合,如分析个体差异、对临床情绪障碍患者进行干预;在极短的时间范围内,单因素理论较适合,如 ERP 高时间分辨率就可以通过捕捉情绪产生过程中的微小变化来研究情绪调节。

三、Gross 情绪调节的过程模型

Gross(1998a)根据情绪生成的过程特点、情绪发展不同阶段中所使用到的情绪调节策略,将情绪调节定义为个体对自身产生何种情绪、何时产生以及如何体验

和表达这些情绪产生影响的过程，由此提出了情绪调节的过程模型（图 2－1）。该模型将情绪调节的发展过程划分为情境选择、情境修正、注意分配、认知改变和反应调整 5 种调节过程和策略（Gross et al. ,2003），按照情绪反应发生前后将其划分为先行关注情绪调节和反应关注情绪调节。

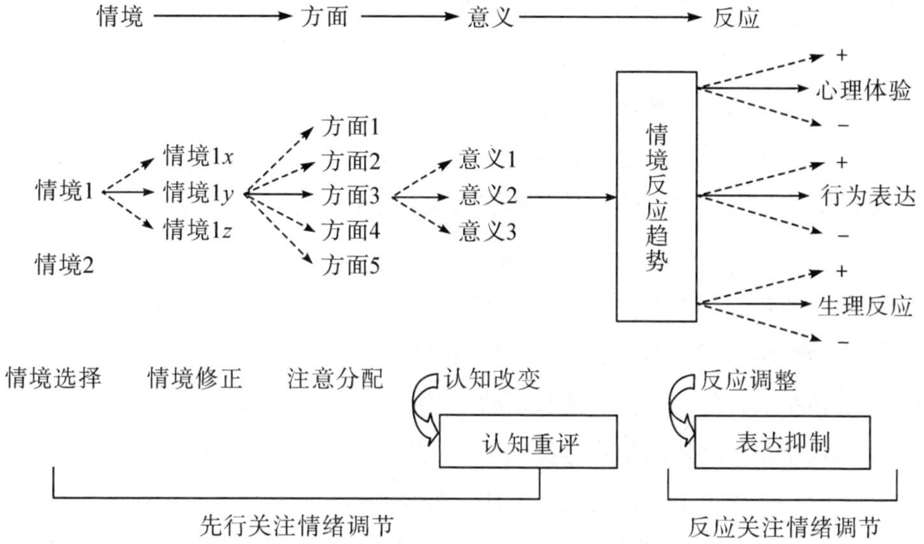

图 2－1　情绪调节过程模型（Gross,1998a）

先行关注情绪调节包括情境选择、情境修正、注意分配和认知改变。反应关注情绪调节仅包括反应调整。它指个体一旦形成情绪反应，将直接影响生理、心理体验和行为。它是一个处理情绪表达行为的系统，常见形式为表达抑制。认知改变和反应调整最常用的策略是认知重评和表达抑制，且有研究者认为认知改变中还存在认知沉浸策略、反应调整中存在表达宣泄策略（张少华 等,2017）。

情绪调节的发展过程具体如下：

第一阶段为情境选择，指个体采取行动以改变其情绪影响，即个体为了调节自己的情绪，会采取一些行动选择性地靠近或回避某些人、某些事或某些场所，从而达到自身情绪稳定的状态，比如某个场所让个体产生恐惧情绪，个体会避免再次到达此场所。

第二阶段为情境修正，当情境选择不能达到预期结果时，个体对于潜在要发生的影响情绪的因素会积极主动进行修正处理，从而改变其情绪受到的消极影响，避免个体情绪的不稳定。比如对即将到来的考试感到焦虑，个体可以选择改变自身的紧张情绪来面对考试；个体可以利用情境修正来调节自己的情绪。

第三阶段为注意分配，即个体采用集中注意力或分心的方式来稳定自身情绪。集中是指将注意是集中在情境的情绪性特征上，即个体将注意力集中在情境的非情绪性方面。分心是指个体在情境中转移对情绪事件的注意力或是从当前情境中转移注意力到其他情境中（即将注意力从一种情感内容转移到另一种情感内容），通过这种方式，个体将注意力从具有威胁性的内容上转移，以减少负性情绪的产生。

第四阶段为认知改变即认知重评，在情绪激活之前产生，属于早期阶段。指个体重新评估自己所处的环境或者自己管理环境的能力，通过改变对自身所处情境的看法或态度，积极有效地进行情绪调节，从而达到稳定情绪的目的。

第五阶段为表达抑制，即反应调整，发生在情绪激活之后，属于晚期阶段。个体采用生理或体验等方面进行调节的方法，努力压制即将到来的情绪反应和行为以实现对当前情绪状态的调整。个体在情绪发生过程中或结束后抑制自身情绪以达到改变情绪的目的，如强化、延长或减少持续情绪体验、表达或生理反应的策略。

反应调整发生在情绪发生过程的后期，即个体已经形成反应倾向之后，尝试对情绪的生理和体验方面进行的调节方法。如用药物（抗焦虑剂）来调节生理反应，喝酒、抽烟，甚至是食物都可以用来调整情绪体验。然而，当个体经常或习惯性使用这些方法进行情绪调节时，会随之带来许多负面影响，并且长期依赖这些方式来调节情绪会影响自身情绪智能水平的提升。

还有另一种常见的反应调整形式就是调节情绪表达行为。情绪表达行为遵循一定的规则，情绪表达规则是个体在社会化过程中获得的，用以指导特定社会情境下表现社会期望情绪的一套规则。它有 4 种基本方式和 2 个方面的功能。4 种基本方式是减弱真实情感的表现、夸大情绪表现、表现看似自然或中性的表情、表现完全不同于真实情绪的表情；两方面的功能一是利用情绪表达达到与人沟通的目的，二是利用脑海中的情绪表达规则知识调节自身情绪体验。前者指向外部，为一定社会目标服务；后者则是指向内部，为平衡个体情绪体验服务（黄红嫚，2012）。

当注意反复指向我们的情绪及其结果时，这种现象叫作沉浸。在消极事件上的沉浸，会导致个体出现持续时间更长且更为严重的抑郁症状，而在积极事件，或是喜欢的活动上的沉浸，则会让个体产生心流体验。

总之，情绪调节过程模型包含 5 个过程和多种策略。认知重评与前因聚焦对应，表达抑制与反应聚焦对应。此外，该模型是按照情绪发展的顺序提出的。因此，在情绪调节效果方面，早期出现的情绪调节策略在控制情绪体验方面比晚期出现的更有效。

四、Gross 情绪调节拓展过程模型

Gross(2015)为了回答什么是情绪调节,是什么对具体的情绪调节策略起到了引导作用,为什么一些人能够对情绪进行有效的调节,而另一些人则不能等问题,提出了情绪调节拓展过程模型(extended process model),认为情绪调节包括时间上有先后顺序的 4 个阶段:识别(identification)、选择(selection)、执行(implementation)、监控(monitoring)。这个模型的核心是交互评估系统,当二级评估系统将一级评估系统(产生情绪的系统)作为对象,对其做出消极或积极的评价,并在一级评估系统中激活了行动冲动,就会发生情绪调节。这个说法符合情绪调节的定义,情绪调节是指通过刺激某一特定对象,从而改变其情绪反应。并且,他将系统划分为感知、评估和行动 3 个独立的价值系统,这与情绪调节的 4 个不同阶段相对应。

在识别阶段,个体需要决定是否调节情绪。其中感知任务是检测情绪,评估任务是判断与情绪相关的效果是否有足够的负性或足够的正性来激活调节,行动任务则是要激活调节的目标。通常当下的情绪状态未达到目标状态时,个体就会激活情绪调节过程。

在选择阶段,重点是人体选择合适情绪调节策略。个体需要评估策略的情境适用性,并在几种可用的调节策略中做出选择。之后,个体在执行阶段排除其他策略的干扰并使用选定的策略进行调节。

在实施阶段,这一阶段的工作就是把策略转换成适合特定情境的策略。在该阶段感知任务必须知觉到外界的相关特征及实施特定策略的各种方法。其中,感知任务是一种基于认知、情绪强度等(Shafir et al. ,2015)现实因素的潜在情绪调节策略,并在评估过程中对各种策略进行评估,从中选出最有效的策略。行动任务是指个人通过特定且具体的情绪调节方法进行调整。由于每一步都会有不同的决策,因此每一步都对应着情绪调节可能失败的关键点。

在监控阶段,个体需要评估当下策略执行的效果,作出监控选择,重新回到识别阶段,进行下一个情绪调节过程的迭代。监控阶段作为情绪调节系统的"质量控制"模块,负责持续跟踪正在执行中的情绪调节策略,及时作出适当的策略调整,对于情绪调节来说是不可缺少的一部分。

Birk 和 Bonanno 的研究设置了策略转换的实验范式,发现做出适应性转换(在高强度刺激下从分心转换到重评)相比适应不良的转换(在高强度刺激下从认知

重评转换到分心),预测了个体的主观幸福感。Sheppes 等人设计了情绪调节监控范式。该范式由初次调节、监控选择和第二次调节 3 个阶段组成。首先,在初次调节阶段,被试需要在高低强度刺激下使用认知重评和分心策略调节负性情绪。其次,在监控选择阶段,个体可以根据情境需求或自身情绪状态决定维持策略还是转换策略,为第二次调节作准备。最后,在第二次调节阶段,初次调节时的情绪图片再次出现,被试根据监控选择阶段决定的策略再次进行情绪调节。Murph 等人研究发现,如果在初次调节时策略不适合当前情境(比如,在低强度刺激下使用重评)或情绪还未达到目标状态(比如,初次调节后负性情绪较高),个体在监控选择时会转换策略,最终表现为第二次调节后更高的积极情绪自评分数。研究结果支持了情绪调节拓展过程模型。

第三节　情绪调节的类型

一、内部调节和外部调节

Dodge 和 Garber 将情绪调节区分为内部和外部两类。首先,他们认为情绪包含 3 个基本范畴,即神经生理 - 生物化学范畴,认知 - 体验范畴,动作 - 行为范畴。内部调节包括范畴内(intradomain)调节和范畴间(interdomain)调节。范畴内调节指在某一具体范畴内(如生理的),一个反应依据同一范畴的另一个反应做出调整。例如,在情绪生理反应中心跳与呼吸的关系;在认知 - 体验范畴,体验影响认知,或认知激活情感体验。范畴之间调节是指一个心理范畴的激活调整另一个心理范畴的过程,例如认知 - 体验范畴与动作 - 行为范畴之间的相互调整、协调和改变。范畴内或范畴间各成分的协调是情绪调节的基本原理。

内部调节源于个体内部,如个体的生理、心理和行为等方面的调节;外部调节源于个体以外的环境,如对人际的、社会的、文化的以及自然的等方面的调节。由于认知与情绪体验存在密切的关系,因此,通过某种认知来激活某种情绪体验,个体可以对情绪进行调节。例如,母子分离可以引起负性情绪,但只要让幼儿确信母亲只是暂时离开,就可以帮助幼儿克服这种情绪。

外部环境对个体情绪的调节有支持和破坏两种可能性。有的环境因素有利于情绪调节,而有的环境因素不利于情绪的调节。如在课堂教学中,教师如能满足和支持学生的动机和行为，将使学生产生良好的情绪，反之会产生不良的情绪。因此，环境的刺激特征与个体内部状况的关系，是影响外部调节的重要因素。

二、修正调节、维持调节和增强调节

根据情绪的不同特点，情绪调节可分为修正调节、维持调节和增强调节。修正调节主要指对消极情绪进行的调整和修正，如降低狂怒的强度并使之恢复平静。修正调节主要针对负性情绪，尤其是强度过高的负性情绪（有时也包括部分正性情绪）所进行的调整和修正。

维持调节主要指人们主动地维持对自己有益的积极情绪，如兴趣、快乐等。增强调节是指对情绪进行积极的干预，如对抑郁或淡漠进行增强调节，使其调整到积极的情绪状态。增强调节在日常生活中出现的频率不太多，但越来越受研究者的重视，尤其在临床应用上。

三、Cicchetti 情绪调节机制

Cicchetti 等人提出以下 4 种情绪调节机制类型：①调节情绪激活 - 产生过程的机制。②调节情绪 - 认知关系的机制。③调节情绪 - 行为关系的机制。④区别于良好调节的情绪失调的机制。其中，第一类机制主要针对情绪激活系统的信息输入过程，如神经内分泌过程、感觉反馈过程、情感体验过程、认知过程。第二类和第三类机制主要针对情绪的输出结构，情感 - 认知结构和情感 - 行为结构。由此可见，情绪调节可发生于或来源于情绪系统的输入（激活）环节或输出（产品）环节。

四、原因调节和反应调节

Gross（1998a）明确提出将情绪调节分类为原因调节和反应调节。原因调节是对系统输入的操作，是对引起情绪的原因的加工和调整。原因调节包括情境选择、情境修正、注意分配、改变认知等。情境选择指个体对自己将要遭遇的人和事做出回避的或接近的选择，从而对可能产生的情绪做出一定的控制。情境修正是通过改变和修正某一特定情境而调节情绪。注意分配是通过转移注意或有选择地分配注意而调节情绪。然而，每一个情境元素都可以有多种意义，存在多种认识，对不同意义的确定和选择，可以改变情绪产生的过程，从而调节情绪，这属于改变认知而实现的情绪调节。从情境的选择到认知改变，反映情绪调节所发生的信息加工过程中位置不断深入。

反应调节发生于情绪反应过程,此时情绪已经被激活。反应调节是个体对已经发生的情绪在生理反应、主观体验和表情行为3个方面通过增强、减少、延长或缩短等策略调整一个正在进行的情绪。反应调节是对情绪系统输出的操作。例如,某些药物可以改变一些生理过程,从而降低肌肉的紧张度和交感神经的激活水平。体育运动和生物反馈可以有效地降低生理唤醒和主观体验(黄敏儿,2000)。

第四节　情绪调节的过程

一、生理调节

情绪的生理调节是以一定的生理过程为基础的,调节过程中存在着相应的生理反应和变化模式。生理唤醒是典型的情绪生理反应,如心率、血压、瞳孔大小、神经内分泌的变化、皮下动静脉联结处的血管收缩等都是常用的生理指标。孟昭兰等人(1995)的研究发现,正性情绪诱发后,心率变化不明显;负性情绪诱发后,心率显著增加。Gross等人(1993)的研究发现,厌恶受到抑制引起躯体活动和心率下降,眼动、皮肤电反应、手指脉搏幅度、呼吸间隔指标上升;悲伤受到抑制引起躯体活动下降,心率区间没有变化,皮肤电反应、心血管系统的交感神经激活水平和呼吸等明显上升;快乐受到抑制引起躯体活动、心率、皮肤电水平等明显下降,呼吸没有变化。情绪生理成分的调节是系统性的,这种调节将改变或降低处于高唤醒水平的烦恼和痛苦。

二、情绪体验调节

情绪体验调节是情绪调节的重要方面。当情绪体验过于强烈时,个体会有意识地进行调整。不同的情绪体验有着不同的情绪调节过程,可采用不同的策略。Saarm发现,在愤怒时人们采取问题解决的策略;悲伤时采取寻求帮助的策略;伤感时采取回避的策略。Gross等人发现,忽视可以比较有效地降低快乐感等。

三、行为调节

行为调节是个体通过控制和改变自己的表情和行为来实现的。在日常生活中,人们主要采用两种调节方式:一是抑制和掩盖不适当的情绪表达;二是呈现适当的交流信号,如一个人在向他人表达请求时,即使感到失望或愤怒,也要管理或控制自己的情绪,不要影响信息的表达和交流。

行为调节可以对情绪体验产生影响。Laird 发现,快乐和愤怒的脸部肌肉运动会使个体产生相应的体验;孟昭兰等人(1993)也发现,愤怒的表情活动可以增强愤怒的情绪体验。

四、认知调节

Dodgeetal 等人认为,情绪系统和认知系统是信息加工过程中的两个子系统,情绪可以是信息加工过程的启动状态,也可以是信息加工的背景。道奇等人进一步提出,良好的认知调节包含以下步骤:知觉或再认唤醒需要调节的情绪;解释情绪唤醒的原因和认识改变情绪的方式、途径;做出改变情绪的决定和设定目标;产生适当的个体力所能及的调节反应,对反应进行一定的评价,尤其是评价这些反应是否达到目标;将调节付诸实践。

五、人际调节

人际调节属于社会调节或外部环境的调节。在人际调节中,个体的动机状态、社会信号、自然环境、记忆等因素都起重要作用。Campos 认为,个体的动机状态,主要指个体正在追求的目标,如果外部事件与个体追求的目标有关,那么这些事件就可能引起个体的情绪。在社会生活中,他人的情绪信号,尤其是与个体关系密切的人(如母亲、教师、朋友等)发出的情绪信号对情绪调节有较大作用。在自然环境中,美丽的风景令人赏心悦目,而混乱、肮脏、臭气熏天的环境则令人恶心。个人记忆也会影响人们的情绪,有些环境让人想起愉快的情境,而有些环境让人回忆起痛苦的经历(莫雷,2014)。

第五节　情绪调节策略

情绪是由大脑的系统产生的,以评估刺激与我们的目标和需要的相关性。这种评估可能涉及控制多个阶段和多种类型的处理,调节注意力、判断力和对刺激的反应,而调节情绪的策略被认为会以不同的方式影响其作用的发挥(Gross,1998a)。情绪调节策略表现为个体在认识到自己的情绪反应与环境不符时,积极地运用情绪调节方式进行情绪调节(李永跃,2018)。研究人员识别出多种特定的情绪调节策略,并对这些策略的类型进行了大量的研究。

情绪调节策略种类很多,在情绪调节过程模型中,与注意分配和认知改变相对应的分心策略、认知重评策略,以及与反应调整相对应的表达抑制策略,都已被证明是个体常用的策略。根据情绪调节过程模型的发展顺序可知,认知重评属于早期阶段,指个体通过改变情绪事件的意义来降低事件带给自己的情绪反应(即通过改变情绪刺激的含义来调控情绪);而表达抑制属于晚期阶段,指个体努力压制即将到来的情绪反应和行为以实现对当前情绪状态的调整。研究已证实,认知重评比表达抑制更能显著降低负面情绪体验(Gross,1998a)。分心是指个体在情境中转移对情绪事件的注意力或是从当前情境中转移注意力到其他情境中(即将注意力从一种情感内容转移到另一种情感内容),它是一种情绪调节方式。通过这种方式,个体将注意力从具有威胁性的内容上转移,以减少负性情绪的产生。

在情绪发生的整个过程中,情绪调节策略有许多,个体最常用且调节效果较好的策略主要有注意分配、认知重评和表达抑制(Gross et al. ,2007)。

一、注意分配

注意分配是关注情境中的某个方面,努力使注意集中于一个特定的话题或任务,或者注意离开原来的话题或任务。如果个体在面临刺激时将注意集中在其情绪属性,即注意聚焦;如果将注意资源指向刺激的无关情绪的其他属性,即注意转移。许多神经成像研究发现,在降低个体的情绪反应方面,注意转移比注意聚焦效果更好。

将注意在信息加工阶段的早期从情绪信息处理中脱离出来,避免其进一步进行细化加工,可以调节个体的情绪。一个经典的早期选择策略是分心,它是通过将注意力从情绪处理中分离出来,从而在工作记忆中产生独立于情绪信息且不与其冲突的中性思想来调节情绪的一种调节策略。对分心策略的研究发现,在临床中,分心能够有效调节个体产生的各种负性情绪,患者可以通过将注意力转移到其他事情上来克服各种不良情绪。在面临高强度悲伤的情绪信息时,采用分心策略可以成功地调控情绪,且不会造成认知资源的消耗(Sheppes et al. ,2007)。采用分心策略的个体在将注意力从情绪信息上脱离之后,不仅可以下调其主观体验的强度,还可以放松肌肉。分心策略虽然能达到调节情绪的效果且消耗较少的认知资源,但会影响个体对情绪事件的记忆。由于分心策略在情绪产生过程中介入较早,这会对情绪信息的深层次加工造成阻碍。当相似的情绪性刺激再次出现时，会导致对情绪信息进行更深层次的加工，从而增强被试的情绪反应（于美琪，2019）。

二、认知重评

认知重评在情绪调节模型中属于先行关注的情绪调节策略。个体借助转变对情绪刺激的认识、理解角度，进而重新架构对情绪情境的认知，重塑此事件与个人意义之间的联结，努力使用一种更加积极的、正向的方式理解使人产生挫折、生气、厌恶、烦躁等负性情绪的事件。在个人认知基础上将产生负性情绪的事件合理化，如安慰自己不要生气，这只是小事情，无关紧要，或者说这是假的，在日常生活中离我很遥远并且不会在我身边发生等（杨海燕 等，2005）。认知重评在日常生活中应用比较广泛，日常的俗语中经常提到的“碎碎平安”“破财免灾”等都是认知重评策略。

许多研究发现，认知重评策略在情绪调节方面发挥着积极有效的作用。根据认知重评对情绪反应的影响不同，可以将认知重评分为两种：指导性的认知重评和自发的认知重评（程利 等，2009）。指导性的认知重评是通过文字或言语指导被试使用认知重评策略以调整情绪反应。在被试观看厌恶的电影片段之后，通过给其呈现指导语的方式让被试采用重评策略来调节由电影片段引发的负性情绪，然后让被试在认知重评后报告自己的主观体验。研究结果发现，与控制条件相比，个体在采用了认知重评调节负性情绪后，负性情绪体验显著降低，面部表情行为也相对减少（Goldin et al. ，2008）。自发的认知重评是个体在产生负性情绪时，自己主动使用认知重评，而非因外界干预而使用。

通过研究自发的情绪调节策略可以发现，在使用不同策略后，个体在情绪体验上存在显著差异，比如通过问卷调查发现，在情绪体验方面，使用认知重评频率较高的个体与经常使用表达抑制的个体之间存在显著差异。习惯使用认知重评策略的个体，情绪调节效果较好，自我报告的负性情绪体验减少。两种不同方式的认知重评策略，在降低个体的负性情绪体验方面发挥重要作用（程利 等，2009）。有研究发现，当被试以认知重评的态度去观看可以引发消极情绪的电影时，在主观报告中其消极情绪有显著的下降（黄敏儿 等，2001）。

ERP 是探讨心理活动神经机制的指标。晚期正电位（late positive potential，简称 LPP）作为晚期正成分 ERP 波，对唤醒度高的刺激反应敏感，因此许多情绪神经机制的相关研究将 LPP 作为情绪反应的指标。许多研究探讨了认知重评对 LPP

的影响，与控制组相比，个体在采用认知重评策略后，LPP 的振幅显著降低。脑成像研究（Ochsner，2004）发现，在负性刺激条件下采用认知重评策略，背侧前扣带皮层和前额叶皮层被激活，这两个脑区主要是负责选择并应用重评策略。在所有脑区中，杏仁核、脑岛等属于评价系统，当认知重评对这些脑区进行活动时，背侧前扣带皮层和前额叶皮层也会相应地进行增强、降低或保持。

三、表达抑制

表达抑制是一种关注反应的情绪调节策略，主要应用在情绪发生的晚期。它是指抑制将要发生或正在发生的情绪表达行为。表达抑制是个体为抑制自己的情绪行为而调动自我控制能力。比如，在日常生活中遇到"熊孩子"破坏自己的心爱物品，此时个体很容易产生愤怒等情绪，但是鉴于当时的情境，个体不能将愤怒发泄出来，只能压抑下去。近年来，关于表达抑制的研究主要集中在表达抑制是否能积极有效地调节负性情绪，这种情绪调节方式对身心健康的影响等方面。研究表明，个体在使用表达抑制策略后，自我情绪体验没有发生显著变化，但个体外在的情绪表达确实发生了变化，神经影像显示交感神经系统的反应也有所增加，同时杏仁核被激活（Goldin et al.，2008）。

不同的文化环境对表达抑制的调节效果会产生不同的影响。文化差异是表达抑制策略与调节效果之间的一个重要变量。在个人主义文化背景下的社会中，表达抑制的作用是负面的；在集体主义文化背景下的社会中，表达抑制不完全是不恰当的、不适宜的情绪调节策略。

采取不同的调节策略，激活的脑区会有所不同。相比于对负性图片采取的表达抑制调节策略，认知重评调节策略增加了前额叶的活动，减少了大脑岛叶皮质的活动，杏仁核激活程度也显著降低（Goldin et al.，2008）。右侧前额叶具有高级监控功能，重新评估与其联系密切，而前额叶皮层对边缘系统的活动抑制与表达抑制有关。从临床应用和心理咨询的角度来说，使用正念疗法、认知疗法等逐渐成为一种趋势，鼓励来访者以一种直面、接受、观察分析的态度面对自身的情绪以及其他心理现象。与接受不同的是，表达抑制策略会对记忆的准确性造成影响，也会导致情绪反应出现偏差。比如在临床上，PTSD 患者经常会出现对引起情绪的情境回忆失真或者忘记事件经过的现象，因为在事发之后，个体为保护自身的心理健康会自发地将引起负性情绪的情境压抑下去，这会使个体短暂遗忘事发时的情境（刘芳，2020）。

四、积极重评和分离重评

认知重评可以有效地减轻消极情绪体验。如 Gross(1998)的研究发现,认知重评有助于减少厌恶情绪的体验;在愤怒情境下,相对于认知重评程度较低的被试,那些进行更高程度认知重评的被试在情绪体验方面更具有适应性。这些被试报告了更少的消极情绪体验,比如更少的愤怒,以及更多的积极情绪。

认知重评可以分为积极重评和分离重评两种方式。分离重评是指忽略引起情绪的方面,而关注那些不太重要的方面,或者使用不带个人感情的客观视角来看待情境。例如,Mischel 等人让大学生尽可能多地回忆自己被排斥或被抛弃的事件细节,要求实验组关注并描述对物理环境的感受。结果表明,此举减轻了他们报告愤怒强度和表情的情况,而积极重评则是关注消极事件中的积极方面,也被称为积极评价策略。Jackson 等人要求大学生观看 120 张图片,其中一些图片能引发被试强烈的消极体验,如厌恶的表情以及哭泣的孩子等,要求被试观看这些消极图片时压抑自己的表情。结果发现,当询问被试使用的调节策略时,那些成功减轻自身情绪体验的人,大多回答是从情境中寻找积极方面或重新解释情绪。

Shiota 和 Levenson(2009)的研究比较了不同类型的认知重评对主观体验的不同影响。要求被试报告他们在观看电影片段时的情绪体验,包括体验到的情绪的整体效价、自身情绪的整体强度以及体验到的 9 种情绪中每一种情绪的强度。结果发现,在情绪的效价上,分离重评和积极重评有着不同的影响,积极重评倾向于提高情绪的效价,使情绪更多地向积极情绪转变;分离重评对于情绪效价没有影响,维持着情绪的效价。在情绪的强度上,只有分离重评导致了整体情绪强度的显著减少。分离重评比积极重评减少了更多目标积极情绪的主观体验。也就是说,分离重评在减少了消极情绪的同时也减少了积极情绪,而积极重评倾向于增加积极情绪。

五、认知重评和表达抑制两种情绪调节策略的差异

Gross 提出,在情绪发生的整个过程中,个体进行情绪调节的策略很多,但最常用的策略有两种,即认知重评和表达抑制。认知重评即认知改变,通过改变对情绪事件意义的看法和态度来调节情绪。表达抑制是反应调整的一种,是指抑制将要发生或正在发生的情绪表达行为。Gross 和 John 在研究中发现,认知重评和表达抑制两种不同的情绪调节策略对情感、认知、社会行为和幸福感会产生不同的影

响,总体上说认知重评是一种比较健康的情绪调节模式(图 2－2)。

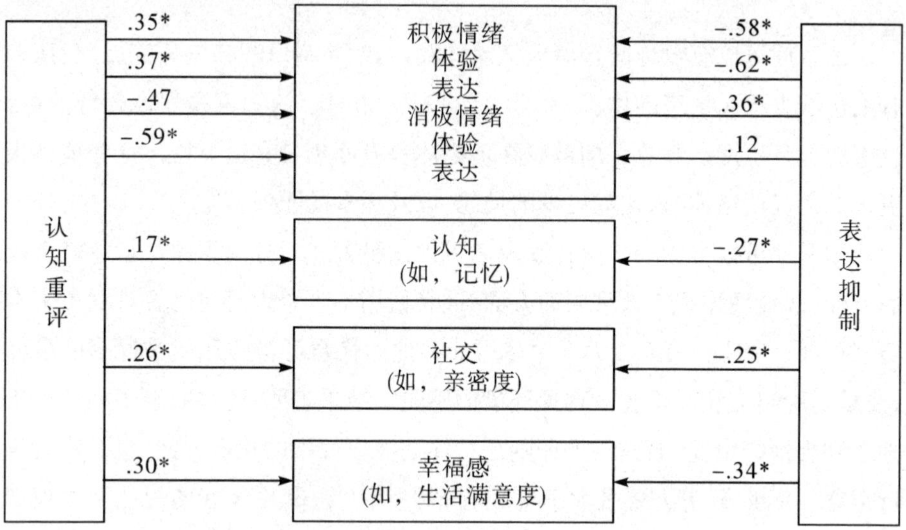

图 2－2　认知重评与表达抑制的差异

Gross 等编制了情绪调节问卷(ERQ),用来评定认知重评与表达抑制对个体影响的差异。在情绪体验和表达方面发现,认知重评与积极的情绪体验和表达正相关,与消极的情绪体验和表达负相关,而表达抑制则刚好相反。进一步研究发现,抑制消极情绪表达增强了消极情绪体验,抑制积极情绪表达降低了积极情绪体验。

在认知方面,实验发现表达抑制消耗认知资源。抑制本身需要耗费认知资源,会对其他认知任务的完成产生影响;而重评则不需要耗费更多的认知资源,不会对其他认知任务的完成产生影响。

在社会交往方面的影响,实验证明表达抑制掩饰了许多社会互动所需要的信息,会对社会沟通和社会互动产生消极影响。Gross 等研究发现,倾向于抑制的个体比倾向于重评的个体与他人共享正、负情绪的可能性小,社会支持较少。倾向于重评的个体比倾向于抑制的个体更可能受到喜欢和接纳。

研究还发现,经常使用认知重评可以促进心理健康,认知重评的关键影响就是减少消极情绪的负面影响。对压力或失败的消极反应会引发压抑的症状,而认知重评则会产生保护性的作用来对抗压抑,并且根据认知重评对积极情绪和社会行为的影响,认知重评者具有更高的生活满意度和更高的自尊,对未来抱有更乐观的态度。总的来说,认知重评是一种相对健康的情绪调节方式。

Gross 和 John 对先天气质对认知重评和表达抑制的影响进行了实证研究。他们发现表达抑制与神经质不相关，更可能的相关气质因素是低外倾，或者更确定的是害羞。对于认知重评来说，他们发现只有神经质与认知重评存在低的负相关。这种负相关表明认知重评部分受到气质的影响。

认知重评相比表达抑制，在大脑区域激活和交感神经的生理反应上存在差异。前者发生在情绪产生之前，可以降低负性情绪体验，降低杏仁核和脑岛的反应，减弱交感神经的反应，而后者通过抑制情绪表达来调节情绪，增强了对杏仁核、脑岛的反应，并且促进心血管激活。

六、情绪发生过程中的调节策略

Gross“情绪调节过程模型”提出情绪调节是在情绪发生的过程中展开，情绪发生的不同阶段对应产生了不同的调节方式（Barrett et al. ,2007）。Gross 认为情绪产生的过程首先始于个体对所处情境的熟悉性和意义等进行评价，而后根据对情境和刺激物的不同评价，产生了各种情绪感受，由此引起相应的情绪反应，这些情绪反应，又会产生一定的变化，然后反馈给个体，如此循环直到这种情绪消失。简而言之，情绪发生的过程可归结为情境、注意、评价和反应这 4 个阶段，如图 2－3 所示，而每个阶段都对应着某种情绪调节方式。

（1）在个体进入具体情境之前，个体首先使用“情境选择”来趋近或避开某些人、事件与场合以调节情绪，如具有社交焦虑的个体会努力避开社交场合以减少焦虑的发生。

（2）在个体进入某种“情境”之后，如果无法避免情绪情境，个体会尝试“情境修正”对情绪事件进行初步控制，如当个体处于一个令人尴尬的境地时，会努力改变令人尴尬的事情。

（3）在注意阶段对应产生的调节策略是“注意分配”，它是努力使注意集中于某特定任务，注意离开原来任务。如当谈到令人不愉快的话题时，个体会忽略这些话题，转而注意其他事情。

（4）在评价阶段产生的调节策略是“认知改变”，也叫“认知重评”（cognitive reappraisal）。个体从认知结构上进行表征，利用推理、合理化等手段重新对情绪刺激进行评价，从而改变其情绪体验。

（5）在反应阶段对应产生的调节策略是“反应调整”，是指在情绪被唤醒后，个体对情绪行为反应的趋势——主要是在身体动作和面部表情上施加作用。

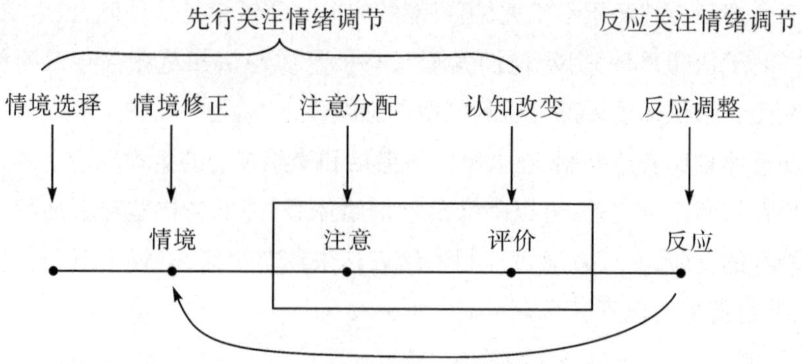

图 2－3　情绪调节过程模型图

Gross 进一步根据情绪调节发生在情绪反应产生之前或之后，把情绪调节分为先行关注情绪调节（antecedent－focused emotion regulation）和反应关注情绪调节（response－focused emotion regulation）。当情绪调节发生在情绪反应激活之前，属于先行关注情绪调节，也称原因调节，主要包括情境选择、情境修正、注意分配及认知改变；当情绪调节发生在情绪反应激活之后则属于反应关注情绪调节，即反应调节，它包括反应调整。Gross 认为认知改变和反应调节在众多情绪调节策略中最具有应用价值，所以多数情绪调节研究集中在这两类调节策略上。同时两种调节策略方式都存在着增强和减弱两个不同的调节方向，因此就形成了四种常用的调节策略，如表 2－1 所示。

表 2－1　情绪调节策略

调节方向	调节类型	
	原因调节	反应调节
增强调节	评价重视（重视）	表情宣泄（宣泄）
减弱调节	评价忽视（忽视）	表情抑制（抑制）

认知改变根据增强或减弱的不同调节方向，分为：

评价忽视（reappraisal negligence）——减弱型原因调节，指当个体在可能诱发情绪的情境中，尽可能地以忽视、回避的方式来改变对刺激的评价，通过这种方式来降低情绪的心理过程，它属于减弱情绪反应的调节方式。评价忽视经常被用来降低情绪反应，或者改变情绪的性质，如学生被老师批评后，学生把批评解释为老师对自己的关心，则会避免对老师的负性情绪。

评价重视（reappraisal reinforcement）——增强型原因调节，指在可能诱发情绪的情境中，个体将自己与情绪刺激建立更紧密的联系，以此加强对情绪刺激的评价，是一种增强情绪反应的调节方式。如看恐怖电影时，观众认为情节很逼真，甚至把自己想象成了电影中的主人公，他们就会感到非常恐惧。

反应调节根据增强或减弱的不同调节方向，也有两种基本调节方式。

表情抑制(expressive suppression)——减弱型反应调节，是指在情绪唤醒以后，个体通过克制情绪行为的表达来隐藏自己体验到的情绪，也是一种减弱调节。比如，学生被老师批评后，学生尽管很生气，但是也会克制，不让自己的愤怒情绪表露出来。

表情宣泄(expressive enhancement)——增强型反应调节，是指在情绪唤醒以后，个体通过表情行为来表达或夸大自己体验到的这种情绪感受，也是一种增强调节。比如，孩子在被批评后，会用哭闹或摔东西来表达自己的不满。

表情抑制会较多地消耗个体的认知资源，继而影响同一过程的其他认知任务的完成；反之，认知重评消耗的认知资源较少，而后的认知任务成绩较好。该理论是以注意资源分配理论为基础，注意资源总量有限，当一方面占用较多资源时，另一方面分配到的资源会减少，从而影响该任务的完成绩效。按过程调节理论，Gross 认为认知调节在情绪发生之前进行，即情绪调节早期认知策略的选择和执行，旨在选择一种认知策略对情绪事件的意义进行解释，该过程不需要持续的认知努力，消耗的注意资源较少；而反应调节是情绪产生之后的使用，在情绪事件全过程中需要根据情况持续地进行自我监控，这个过程需要消耗更多的认知资源以加工情绪信息。

七、有意情绪调节和自动化情绪调节

情绪调节策略还可以分为有意情绪调节和自动化调节两种类型，这二者之间存在一种过渡关系。其中，有意情绪调节是指个体根据已有的、外显的情绪调节目标，有意识地付出主观努力来进行情绪调节的过程。自动化调节是指个体由目标驱动，在无意识或者自动化的状态下进行情绪调节的过程，个体可以将情境与情绪调节目标有机地结合起来。相较于有意情绪调节，自动化调节在消耗较少的认知资源的基础上，同样能达到减少负性情绪的效果。

Gross 在对情绪调节进行定义时同时包括了情绪调节的有意识和无意识成分。情绪调节是从需要主观努力和意识控制的有意识调节到不需要主观努力、自动的无意识调节的统一连续体(Gross et al.，2007)。Gross 将在无意识层面发生的情绪调节定义为无意识情绪调节(automatic emotion regulation,简写 AER),认为它是个体受到目标驱动而改变了情绪的某些方面,这种改变是无意识、不需要注意和意识控制的。

根据情绪的循环性质,Mauss 等人(2007)将无意识情绪调节分为前提关注的无意识情绪调节(antecedent - focused automatic emotion regulation)反应和关注的无意识情绪调节(response - focused automatic emotion regulation),并建立了相关模型。在这一模型中,前提关注的无意识情绪调节发生在情绪反应出现之前,包括自动地选择或修正情境、自动地分配注意,以及对这些情境自动进行评价等。这种无意识情绪调节会使个体的负性情绪体验减弱,出现积极的生理反应。个体的习惯、价值观、所处社会的文化背景等均是前提关注的无意识情绪调节的影响因素。在情绪反应出现之后发挥作用的则是反应关注的无意识情绪调节,它包括个体自动对情绪体验进行认知性参与或拒绝,通常需要消耗一定的认知资源,导致其不能减弱负性情绪体验,并出现消极的生理反应。由此,情境选择、情境修正、注意分配、认知改变和反应调整这五种情绪调节策略同样适用于无意识情绪调节,只是个体在采取这些情绪调节策略时,更多是自动的、没有意识参与的。

八、情绪调节的适应性

情绪反映着个体适应环境的动力和状态,情绪的适应功能通过情绪成分来实现。四种基本的情绪调节方式通过改变认知评价、调整情绪反应,引起情绪成分发生不同的变化。在情绪调节过程中,每一个环节都具有一定的适应意义。对情境中情绪线索的评价使个体与环境保持敏感的关系;表情行为表达着情绪,作为情绪信号而具有交流作用,促进社会知觉和自我知觉,影响个体行为;主观感受与认知活动保持密切关系,使情绪活动可以有效影响其他心理活动,策动适应的心理和行为;生理反应使情绪得到时间上的维持和放大,调动身体能量以应对情绪所发出的适应信号。

评价忽视有效地减弱了负性情绪,其代价是减弱了对情境中可能引起情绪的刺激的评价,个体受益于免遭不良情绪的冲击。评价忽视的积极作用在于它可以有效地减弱负性情绪的感受和表情,从而使个体免于遭受强烈负性情绪的破坏和瓦解作用。可是,不恰当地使用评价忽视可能削弱负性情绪应有的提示和警示作用,削弱负性情绪对其他心理活动积极的组织功能。

评价重视将有效地增强负性情绪感受,所以,对于可能引起负性情绪的情境进行评价上的强调和重视，可以使个体出现足够的负性情绪感受，从而激发和策动足够的心理投入，以应对不利情境。假如不适当重视，可能引起负性情绪不断增强，导致抑郁和不良情绪症状。

表情抑制可以有效地掩盖情绪，在一定程度上有利于适应社会环境，保护人际关系。而且，抑制情绪是个体社会化的必要任务。可是，表情抑制并没有减弱情绪感受，它保持了情绪感受的动力性。表情抑制所引起的增强的交感神经激活（手指脉搏血容振幅更大地增强），使被抑制的情绪在生理上得到更长时间的维持。表情抑制具有一定的适应性和积极功能，可是，不当地使用或长期抑制，也可能引起身心健康上的问题。长期地、过分地、不当地使用表情抑制可能减弱表情行为在人际关系中的积极作用，增强的交感神经系统唤醒可能成为引起和加重疾病的原因。强烈的负性情绪感受由于没有被有效地减弱，可能引起更多的防御心理和行为。

总之，四种情绪调节过程都具有适应价值。良好的情绪调节反映个体可以适当地按照情境的需要灵活地使用这些基本的调节过程，最大限度地发挥情绪在情境中的适应动力性，促进人的认知发展和社会适应。不按情境要求、不灵活可塑地使用这些调节方式，有可能使人的情绪陷入困境，破坏人际关系，阻碍认知发展，不利于人体身心健康和社会适应。

第三章　认知控制

第一节　认知控制概述

情绪会受到环境事件、生理条件和认知功能等因素的影响,而认知能力对其起着至关重要的作用。在生活中我们会遇到很多冲突情景,需要运用认知控制来解决冲突。认知控制系统是一种能够克服错误想法、冲动和行为的有限能力资源。控制情绪需要认知资源的参与,所以,认知控制对情绪调节十分重要,它可以维持情绪调节、控制相关消极情绪的影响,它的实施能够被视为情绪调节的一种形式,其目的是减少对目标导向行为的挑战所带来的不愉快体验。

一、认知界定及其特点

认知(cognition)指认识活动或认识过程,侧重于认识过程中观念或态度形成及改变的策略。信息加工理论认为认知是一个过程,包括接受信息和评估信息的过程,产生应对和处理问题方法的过程,预测和估计结果的过程。

认知是一种心理功能,主要反映在同化和顺应两个方面。这里同化包括理解(construing)和解释(interpreting),个体以自己现有的、能获得的或喜欢的思考方式去解释外部事物,并吸收为自己的经验。顺应包括注意(noticing)和认知说明(cognitive account),个体发现外部事物性质不同而注意到不同事物之间的关系,并试图做出认知处理,从而理解(apprehention)关系结构的属性。

认知的特点主要体现以下几个方面:

(1)认知的多维性。个体的认知总是具有一定的局限性和片面性,要认清事物的全貌和本质必须认识到事物具有多维性和整体性。

(2)认知的相对性。事物都有两个面,要一分为二地看问题。

(3)认知的联想性。认知活动不仅依赖于当前的感知觉活动,也会受到已有知识经验的影响,同时也有思维、想象等心理过程的参与。

(4)认知的发展性。任何事物都不是静态的,而是处于动态发展的过程中,所以,个体当下的认知具有发展性。

(5)认知的先占性。比如首因效应,即先入为主、第一印象。在人对人的知觉过程中,给人留下的第一印象是至关重要的。如果一个人在初次见面时给人留下了良好的印象,就会影响人们对他以后一系列行为的解释,反之,也是如此——尽管这些印象有时是不全面、不真实的。一般来讲,认知的先占性与个体的既往经历和个性特征有关。

(6)认知的整合性。对某一事物的认识和理解的获得是基于已有的知识经验,并综合了自己的感知觉、记忆、思维、想象、理解、判断、情绪、感性等心理过程(徐俊冕 等,1999)。

个体的认知模式由图式、归因与信念构成。图式就是认识世界和我们自己的一些类别和方式。一个图式就是一种组织信息的认知结构,因此,它会影响新信息的知觉、组织和记忆。用信息加工的语言来说,它会影响信息的编码、储存和提取。图式限定着人们看待别人和自己的方式。有文化上共享的图式,也有个体特有的图式。

归因是我们对某一事件的预期,是基于我们对过去事件的回忆和我们对这些事件的归因或解释。当一件事发生时,特别是有意义或令人惊奇的事发生时,我们会问自己为什么这件事发生了。我们将对这些事件的解释称为归因,它在我们对事件的情绪反应和对未来的预期上起着重要的作用。

信念指对某事是否真实地确信——对世界是不是一个公正的地方,某人是否在某些方面有能力,某人是不是个好人的确信等。个体在其信念的内容方面是不同的,在用以支撑自己各种信念的认识上是不同的,与之相关的情感也不同。

适应不良信念干扰着适应机能。比如,完全相信个人的生活事件不会受自己行为影响的信念,会干扰适应行为的采纳。适应不良信念常常伴有自证预言的性质,鉴于此,这种信念会导致证实此种信念的行为。例如,一个总认为自己会被拒绝的抑郁者,可能做出导致不被接纳的行为,这一信念于是被证实了,但这人并没意识到问题正好出自此种信念本身。

非理性信念指不合逻辑的信念,例如"如果好事发生,坏事肯定即将来临""如果我说出我的需求,他人就会排斥我"等信念也有自证预言的性质。

个体的图式，即认知结构在一定程度上决定了信念的内容，适应性信念和理性信念对事件的发生形成客观、冷静的归因或解释，而适应不良信念和非理性信念对事件发生的归因或解释带有较浓情的绪化色彩。对同一事件两种不同的归因导致情绪反应的两极性，即良好的情绪体验和不良的情绪体验。所以，图式、归因、信念的认知单元暗示了它们对个体情绪状态的重要意义。

认知是情感和行为的中介。认知控制模型认为人的情绪情感和行为与具体的情境不存在直接的相关，而是决定于个人对事件和情境的感觉、解释、评价。也就是说，个体的行为和情绪反应是认知控制的结果。在生活中我们会有很多冲突情景，这时需要我们运用认知控制来解决冲突。如手机铃声响起的同时炉灶上的水开了，我们会经过短暂思考是先关炉灶还是先接电话，并最终做出选择；当平日经常走的路，某天突然被一个施工项目阻隔而行不通时，我们会绕到另一条路上。

二、认知控制的概念

（一）什么是认知控制

认知控制（cognitive control）是指个人的高级能力，即在生活中面对突如其来的变故时，调整和监控自己行动的一种能力。即及时调整行动计划，克制不恰当的行为，发现并提高解决矛盾的能力。认知控制反映了个体控制自己处理事务的能力，通常受记忆储存、判断推理、处理冲突、灵活认知、预期规划等典型认知处理过程的限制。认知控制功能是为了达成目标而控制思考和行动的能力，也是调整记忆容量、认知灵活度和反应控制，以及进行整合所必需的机制。这可以帮助我们根据目标和需要，保持大脑内的有用信息，及时反馈紧急情况，抑制冲动和阻止不当行为，从而有助于监控个体思维，实现行动目标。认知控制有利于个体尽快采取最佳策略解决意外情况。在认知控制的作用下，个体倾向于克制冲动，更多地做出计划内的行为。

国内外学者对认知控制的定义并未达成一致，如 Matsumoto 与 Tanaka（2004）认为认知控制是指个体在有干扰的情境下执行冲突任务，通过认知系统（如知觉、记忆）选择所需要的信息，同时抑制无关信息干扰的能力。有研究者认为认知控制是自我控制行为的基础，是个体根据任务目标，对于与目标相关的具体心理过程进行适应性调整的能力（陈安涛，2018）。Cohen 等人（1996）提出认知控制是多种功能机制的集合，个体通过认知系统的基础功能，如知觉选择、反应偏向、情境或目标信息的维持等，来最优化地执行特定任务，从而使个体的复杂行为具有高度的认知灵活性和情境依赖性。也有研究者将认知控制等同于执行控制,认为认知控制是指个体在面对新的、不断变化的突发性情境时,对当前行为进行调节和监控以达到目标的一种高级能力。具体而言,认知控制是个体能够根据目标灵活地改变计划与行为,同时对不适宜的行为进行抑制,从而对冲突进行监控与解决的一种能力。

(二)认知控制的基本成分

认知控制的基本成分是注意成分、抑制成分和任务管理成分。注意成分具有将注意力聚焦于相关信息的功能;抑制成分具有将注意力从无关信息上转移的功能;而任务管理成分能够安排复杂的任务加工,包括在不同任务中的注意转换及调节等。认知控制作为一系列认知加工机制的综合能力,在个体适应环境的过程中具有至关重要的功能。认知控制包含工作记忆、注意、计划、决策、问题解决和行为控制这几种基础功能。认知控制功能表现在个体为实现某一目标,对自己的思想和行为进行控制的过程中。在该过程中,个体依据大脑中保持信息的能力(工作记忆),根据所处情境的变化做出相应的反馈(认知灵活性),同时抑制不当的行为或冲动(反应抑制)。当三者协调时,认知控制就能够帮助个体管理和控制无关的思维和行动,以达到所追求的目标。同时认知控制在由目标刺激做诱导的任务中,能够促使个体依据环境变化转变相应的反应策略,抑制自动化和习惯化的反应倾向。

(三)认知控制的内容

认知控制是一系列高水平的认知过程,主要对低水平和自动化的加工过程进行自上而下的控制,在目标导向的行为中调节个体的心理与行为。认知控制也称为执行功能,包括工作记忆刷新(working memory updating)、抑制控制(inhibitory control)和心理定势转移(mental set shifting)3 部分。抑制是个体抵制与任务无关的干扰信息的能力,将注意分配到目标相关信息上并保持对无关信息的过程。转换主要是指将注意在两种情境之间进行转移的能力,从一个认知任务切换到另一个认知任务的过程。刷新是对工作记忆中信息进行更新和加工的能力,与短时工作记忆有关。

个体的认知控制能力是人类核心的高级功能,在冲突控制、注意、决策、计划等心理过程中都发挥着重要作用。当工作或学习环境比较喧闹时,我们需要通过认知控制集中注意,忽视环境中的干扰信息以完成当前的主要任务,如当在公路上行驶过程中前面的车辆骤然刹车时,有经验的司机能够及时灵活地使用认知控制减速。所以认知控制会影响我们完成工作的效率。

三、认知控制的神经机制

认知控制包含对冲突或干扰的检测与控制。许多神经影像研究发现,认知控制与前扣带回皮质(Anterior Cingulate Cortex,简称 ACC)与背外侧前额叶皮质(Dorsal Lateral Prefrontal Cortex,简称 DLPFC)有关。负责检验冲突的 ACC 被实验刺激中的冲突激活之后,将信号输送给负责控制冲突的 DLPFC,只有冲突被抑制,个体才能更好地做出判断并完成任务。

前额皮质(Prefrontal Cortex,简称 PFC)和顶叶皮质(Parietal Cortex,简称 PC)等负责控制的脑区与认知控制相关。在认知控制过程中,将注意力集中在目标任务时,PFC 会被激活(王益文 等,2006)。这种激活和维持是自上而下的,可以促进对有高认知需求的即将到来的事件的加工。徐雷(2012)通过总结前人的研究发现,主动性控制是在反应准备阶段持续表征目标或线索信息,即表现为 PFC 保持持续性的高激活状态,它是一种自上而下的激活;而采用反应性控制时,个体需要检索并重新激活目标或线索信息,即 PFC 在探测刺激呈现后调节反应时激活较强,是暂时性的高激活状态,它是一种自下而上的激活。许多研究表明,主动性和反应性控制虽然是两种不同的控制,但二者都会激活与认知控制相关的脑区,只是在激活的时间和强度上有差异。两种认知控制的调整变化体现为 PFC 上的规律性变化:控制策略由反应性控制转向主动性控制时,PFC 由暂时性激活转向持续性激活;控制策略由主动性控制转向反应性控制时,PFC 由持续性激活转向暂时性激活(徐雷 等,2014)。

四、认知控制与情绪调节的关系

神经影像学的证据表明,大脑的额顶网络在认知控制和情绪调节过程中发挥着作用。Ochsner 情绪认知控制模型(model of the cognitive control of emotion,简称 MCCE)指出,情绪调节过程需要认知加工的参与。比如,记住对情境的理解并做出解释;刷新负性情境的意义,将其重新评价为更有帮助的解释。情绪认知控制模型提出了情绪产生和情绪调节的脑神经机制。情绪产生的过程包括情境刺激出现、注意、评价和反应 4 个阶段,涉及杏仁核对情绪刺激的激活、纹状体对情境线索的识别等。认知控制过程通过 4 类情绪调节方式作用于情绪产生的 4 个阶段,分别是情境选择与情境修正、注意部署、认知改变和反应调节。Ochsner 以认知重评为例,认为背外侧前额叶皮层与选择性注意和工作记忆有关,可能与注意导向和维持重评目标表征有关。前扣带回皮层与监控过程有关(比如当前的重评内容是否能够调节情绪)。前额叶腹外侧皮质与使用合适的方法或抑制不合适的方法支持个体的重评过程有关。Schmeichel 认为工作记忆可以帮助个体存储并操控与情绪反应相关的情境信息,维持调节目标。

(一)抑制控制与情绪调节

最早研究抑制控制与情绪调节的研究要求被试抑制社会不赞许的表情,以 Stroop 任务作为抑制控制的指标。在摄像机记录下,Stroop 任务表现较好的被试有效抑制了社会不赞许的表情。Tabibnia 利用 FMRI 技术发现停止信号任务上表现更好的被试在重评时更成功,并且在右侧额下回两个任务上有着同样的激活。Schmeichel 要求个体自行回忆一个引起愤怒、焦虑或中性的事件。结果发现,抑制控制能力较强的个体在回忆以往情绪记忆时报告的负面性情绪较少。

(二)工作记忆刷新与情绪调节

Schmeichel 是第一个研究工作记忆能力与情绪调节关系的学者。他使用广度任务和 n - back 任务测量个体在工作记忆能力上的差异,发现高工作记忆能力的个体不论是面对积极情绪还是消极情绪,不仅能够更好地控制情绪表达,而且可以从中性的角度重新评价情绪事件,降低负性情绪体验。尽管结果支持了工作记忆能力的积极作用,但存在其他可能的解释——工作记忆能力较好的个体在遵循任务指示上表现较好。为了排除这一可能的解释,Schmeichel 设置了虚假的负性评价,将被试接受负性评价后的自我增强行为作为内隐情绪调节的指标,结果发现,工作记忆能力较好的个体在接受负面反馈后自我增强行为水平较高。由于实验并未要求个体调节情绪,所以可以排除遵循指示的干扰。相比于 Schmeichel 的研究,Yufang Yang 通过操控认知负荷进行实验研究来探究工作记忆与情绪调节之间的因果关系。被试需要在认知重评的同时记忆不同数量的单词,单词数量越多说明认知负荷越大、消耗的认知资源越多,结果说明工作记忆在认知重评过程中起着重要作用。

(三)心理定势转移与情绪调节

McRae 测量了一系列认知能力(词汇水平、抽象思维、执行功能),并探究哪些认知能力与认知重评频率和主观幸福感相关。结果发现,工作记忆能力和心理定势转移都与重评的频率呈正相关。Ying Liang 等人测量老年人执行功能水平、积极重评和自我关注重评上的表现，结果发现，相比其他执行功能，心理定势转移对于自我关注重评来说更为重要。Hendricks 等人发现，个体转换代价与表达抑制效果呈负相关。Hofmann 认为，心理定势转移可能通过目标转换或方法转换两种方式促进情绪调节。

五、认知控制中不同的子成分在情绪调节监控中的作用

认知控制中不同的子成分在情绪调节监控中发挥着不同的作用。对于策略转换过程，抑制控制主要负责抵御无关或优势信息的干扰比如监控任务中的负性图片刺激、初次调节时执行的策略信息都是干扰的信息来源。工作记忆帮助存储和加工（刷新）情绪情境信息，比如从负性反刍到使用认知重评策略，个体需要刷新先前对图片负性信息的过度关注，从积极的角度重新评价它。心理定势转移帮助个体从使用一种策略转向另一种策略。此外，个体在监控过程中需要刷新能力不断对外部情绪情境信息（比如情绪刺激强度是高强度还是低强度）保持关注，认知控制 3 个成分与情绪调节监控的关系如图 3－1 所示。根据 Joormann 的理论，抑制控制和工作记忆刷新在情绪调节监控过程的停止、转换和维持上都发挥着作用，而心理定势转移由于无法支持认知控制的抵御模式，只与转换模式有关。

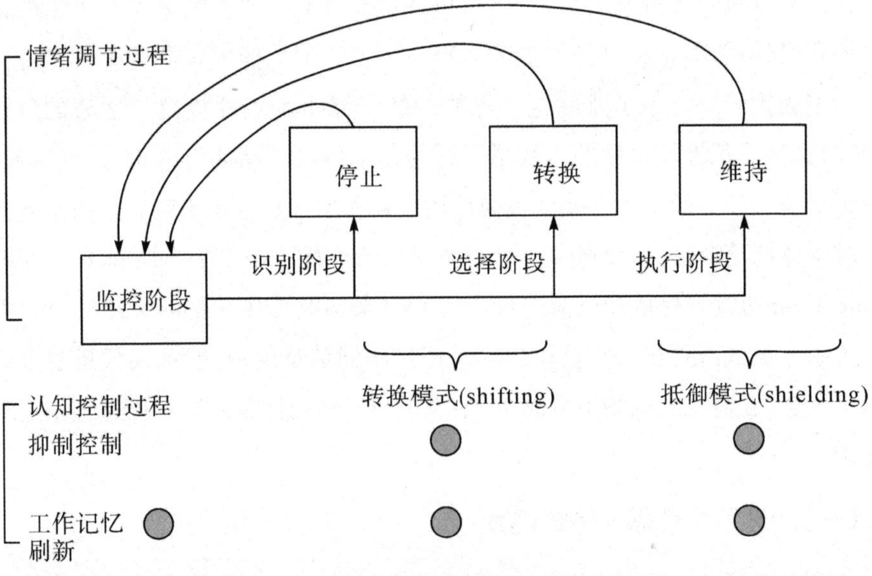

图 3－1　情绪调节监控的认知框架模型

六、认知控制对情绪调节的重要作用

Schmeichel 等人的研究表明，与认知控制相关的工作记忆广度可以作为情绪调节成功与否的预测因子。具有更高工作记忆广度的个体能更有效地抑制情绪反应的面部表情，同时在面对情绪性刺激时能更加成功地采取一种非情绪化的态度。与具有较低工作记忆广度的被试相比，工作记忆广度较高的被试在面对消极性反馈时可以更加有效地进行自发性的情绪调节。Hendricks 等人探讨了三种认知控制成分（刷新、转换和抑制）与两种情绪调节策略（认知重评和表达抑制）之间的关系，结果表明认知控制在情绪调节中起着重要作用，在使用两种策略降低负性情绪时，工作记忆刷新能够预测负性情绪的降低程度。由此推测，认知控制能力高的个体在使用情绪调节策略后能有效地降低对负性情绪的反应和体验。认知控制不仅对于短期情绪调节本身有重要的作用，对于理解不同情绪语境的动态适应，即情绪调节的灵活性，可能更重要。所以认知控制是维持长期、动态情绪调节必不可少的因素，能够帮助个体快速适应环境刺激的转变。

七、高低认知控制能力的个体在情绪调节上的差异

高低认知控制能力的个体在情绪调节上存在差异。高认知控制能力的个体能够独立于外部的刺激，潜在地调节自己的情绪，而低认知控制能力的个体却需要通过抑制情绪的指令来调节自己的情绪。高认知控制个体在执行任务时，对相关情感的控制力较强，而低认知控制能力的个体对于自我调节的作用可能会被放大，说明低认知控制能力的个体在情绪的调节上并不像他们自己想象的那样能够调节得很好。再者，认知控制对情绪调节效能的降低可能导致消极情绪的积累，从而维持或加剧抑郁症状，而低认知控制能力的个体往往会经历更严重的抑郁症状。这可能与抑郁症患者认知控制能力总体上不足有关，个体差异会导致调节认知偏差，由此造成了情绪调节的难度，可能造成抑郁症状的发生。可见认知控制对情绪调节具有重要影响。

第二节　认知控制理论模型

一、Ochsner 情绪调节认知控制模型

认知神经科学对情绪的研究存在两种基本研究方法：自下而上方法和自上而

下方法。自下而上方法认为情绪是对内在或习得或强化特征刺激的反应，由刺激驱动，对特定类型刺激知觉的结果。脑损伤和电记录研究表明，杏仁核对最初学习负性刺激非常重要，而眶额皮层支持刺激－强化连接的消退、改变。自上而下方法是基于情绪的评价理论，强调情绪是认知过程的结果，这些认知过程解释了刺激在个体当前目标和需要背景下具有的意义。与动物不同，人类不是根据自动激活的刺激－反应连接进行反应，而是依赖高级认知过程，如选择注意、工作记忆、语言和长时记忆来调节情绪。自上而下过程使个体主动使用多种高级认知功能控制评价过程，主要与前额皮层和前扣带回功能有关。

基于这两种方法，Ochsner 等人（2005）在动物和人类神经影像研究的基础上，提出了情绪的认知控制模型。他们认为，情绪源于多种评价系统，既可以由自下而上的过程产生，也可以由自上而下的过程产生。情绪调节是自下而上和自上而下两种评价系统相互作用的过程。

进一步地，Ochsner 等人又提出了细化的情绪调节模型（图 3－2），两种自上而下的评价系统———基于描述的评价系统和基于结果的评价系统。

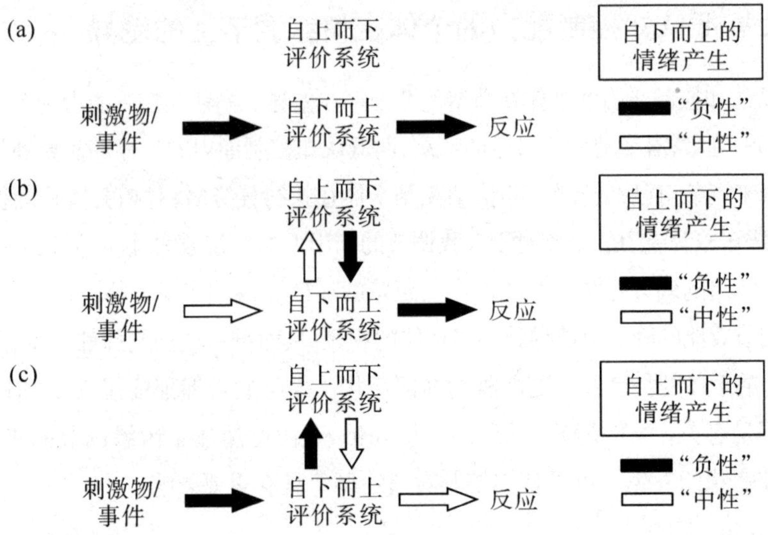

图 3－2 Ochsner **细化的情绪调节模型**（Ochsner et al.，2007）

基于描述的评价系统由背侧 PFC 和 ACC 构成，对情绪状态、情绪特征和刺激连接产生心理描述。这些描述以符号形式重新表征非限定性的感觉状态，由自上而下的评价、期望和信念构成。重要的是，基于描述的评价系统和亚皮层的情绪评价系统几乎不存在双向直接连接，必须间接地通过工作记忆、心理想象和长时记忆在知觉评价系统产生替代性表征，然后由知觉评价系统影响情感评价系统或者直接与基于结果的评价系统沟通。

基于结果的评价系统由 OFC、腹侧 PFC 和扣带区构成，对表征情绪结果与预测结果发生的选择、知觉之间的连接很重要。通过消退或刺激 - 强化逆转学习，控制情绪调节都趋向于强烈激活这个评价系统。

Ochsner 的情绪控制模型的重要意义主要体现在两个方面：①改变了以往对情绪和认知关系的看法——简单地将认知归于皮层，而将情绪归于边缘系统。事实上，许多成像研究表明，情绪的产生依赖于多种评价系统之间的交互作用。②对于人类来说，情绪只有一定程度的强迫性，仅在极少情况下由刺激单独引发，大多数情况下从一开始情绪的产生就处于高级皮层的控制之下。

情绪调节认知控制模型中提出情绪调节有两种类型。

（1）注意控制。注意力一般是指在信息加工过程中所具有的选择性，它可以让我们专注于与目标相关的信息，忽略无关的信息。它主要有两种形式：一种是让被试对情绪有选择性地评判，以控制对情绪刺激的注意；另一种是采用分心的方法来改变情绪认知，并不局限于情绪刺激。

（2）认知改变。认知改变是通过使用诸如工作记忆、长期记忆等高级的认知技能来实现的。其中，个人运用认知改变的方式有两种：一种是在无情绪反应的条件下，个体利用认知改变来产生情绪反应；另一种是利用认知改变调节已经被触发的情绪反应。他们认为这种控制 - 认知的动态变化可以在各种形式的调节中发挥作用，如支持多种类型的控制策略，调节多种类型的情绪反应。之后，Ochsner 等人依据情绪调节过程模型开展了研究，证实了情绪调节过程模型的五类策略都依赖于认知控制过程。

二、能量有限理论

该理论认为个体的认知控制依赖于有限的资源，正如人在运动过后感到肌肉酸痛和疲劳一样，认知控制行为会导致心理资源的消耗，并且在一定时间内个体的认知控制资源是有限的。将对有限的认知控制资源进行消耗的过程称为“自我损耗”。Inzlicht 和 Schmeichel 提出了损耗过程模型，认为前期个体进行认知控制会导致后期动机和注意的转移，进而影响个体后期的认知控制行为。认知控制资源也能够通过多种方式得到补充，如睡眠、放松、积极情绪诱导等。

认知控制过程与资源有限、注意控制和信息通道等有着密切的关系。基于此，认知控制的资源有限理论被提出，Kahneman 提出认知资源主要表现在工作记忆容量上，个体的认知资源容量会限制个体所能利用的认知资源。Heatherton 等人发现在自我调节、自我损耗和动机等方面，个人所能使用的资源是非常有限的。这一理论指出，认知控制行为会导致心理资源的损耗，而在此时期，个人的认知控制资源是有限的。Inzlicht 等人提出的损耗过程模型认为，所有的自我调节和自我控制都依赖于相同的可消耗的资源，自我控制是在有限的内部资源的基础上运作的，且个体在实施认知控制时会导致动机和注意力的转移，从而降低控制能力，进而影响后续的行为表现。

认知资源有限理论常与选择性注意理论同时出现。注意是由可分离但相互连接的大脑网络（警报、定向和执行控制）组成的，这些网络影响优先计算，能控制哪些信息进入意识。而对负性刺激或事件施加注意力控制的能力受损可能会干扰从负面刺激或事件中脱离出来的能力。Mackie 等人提出了认知控制的注意控制理论，他们认为注意功能的作用是减少时间、空间、过程和反应方面的不确定性。在该理论中，警报增强了对将要被处理的信息的可预测性，定向指的是从空间中挑选出最相关、最重要的信息来进行处理，它会在输入阶段起作用，对任务无关的信息进行过滤或衰减，而执行控制在处理和响应阶段起作用，若过程中存在竞争时，会偏向于任务相关的过程。例如，在 Stroop 色词任务中，颜色和词义同时被处理，并相互竞争。总的来说，他们认为注意可以被认为是通过注意功能以目标一致的方式调节信息处理，从而服从认知控制。注意功能并不独立于其他系统运作，而是与感知和认知功能相互作用，为认知控制服务。

大脑不断受到来自多个感官通道的信息的轰炸，而这些信息超出了它的处理能力，从而需要一种动态控制机制，允许它灵活分配资源来处理主观上重要的信息。Fan 等人提出使用信息论的概念来说明认知控制，该理论基本涵盖了资源有限论和注意控制论。他们认为认知控制研究采用的任务是操纵信息内容、出现频率或处理速度，这分别对应熵、惊喜值和通道容量。认知控制是对信息源的输入进行处理。具体来讲，是指在认知控制的引导下，从信息源到处理流的输入，通过通道选择性地由一个或多个路径输出，从而提出了认知控制所具备的 3 个属性：功能性、特异性和容量。功能性是指大脑区域活跃度的提高，与不确定性的增加相对应。Wu 等人提出额顶叶神经网络的神经活动被视为信息不确定性的线性函数，且支持额顶叶网络在认知控制中的功能。特异性是指在需要进行认知控制时，对不确定因素进行处理时，脑区的模态独立性。有研究发现，不确定性的增加与认知控制网络（包括额顶网络、扣带网络和纹状体）的激活存在着普遍的联系。最后，容量是指信道在单位时间内可以传输的最大信息量。在信息论的理论框架下，将信息的不确定性用特定的通道的信息熵（以“比特”为单位）进行量化，而信息的速率是单位时间内所传递的信息量的平均值。信息通过容量有限的渠道进行处理和加工。信道容量被定义为其信息速率上限，即单位时间内能准确传输的最大信息量（单位：bps）。最后，信道切换和信道选择也很重要。当所需的传输速率超过容量时，信息传输的准确性会降低。

三、注意控制理论

注意控制是指个体在无关信息的干扰下，有意识地激活、集中并维持对记忆表征和注意的能力，包括对行为的目标导向、错误检测、冲突解决、自动反应抑制、任务转换和情绪调节等功能。正如注意在认知资源理论中被当作一种对刺激进行分组归类的认知资源，注意控制其实被包含于认知控制当中，注意控制资源的消耗也会导致认知控制资源的损耗。面对复杂的生存环境，个体如何从杂乱的信息中选择并维持对目标信息的注意，同时保持对潜在冲突信息的警惕性并有效地控制冲突，决定了个体对环境的适应能力。大脑注意网络的效率体现了这种对外部信息的注意控制能力。Posner 将注意网络细分为警觉、定向和执行控制 3 个子网络。这 3 个子网络体现了个体对某一类型信息或目标的警觉状态、对外部有用信息的选择性注意，以及对冲突信息的处理等方面的能力。注意网络效率测验（attention network test，简写 ANT）可以有效测量注意控制。有效的注意网络系统在认知控制中起到不可或缺的作用，注意网络的效率会影响个体对环境的适应能力以及对情绪和思维的控制能力。

Eysenck 等人提出的注意控制理论（attention control theory，简写 ACT），是对加工效能理论的补充和延伸。加工效能理论认为，焦虑对加工效能的影响大于对操作成绩的影响；焦虑对工作记忆的中央执行系统起到干扰作用。注意控制理论的主要关注点由加工效能转为目标导向注意系统。该理论认为，个体焦虑会对目标导向注意系统产生破坏作用；焦虑也会对中央执行系统中的抑制、转换产生干扰效果。认知控制功能表现为个体主动控制注意与行为以完成任务、实现预期目标。以大脑储存的信息（工作记忆）对环境变化的感知（认知灵活性）为依据，个体会抑制不当的行为或冲动（反应抑制）。当个体的 3 种功能的协调达到完美状态，就可以灵活迅速地应对环境发生的变化，完成任务目标。认知控制以目标任务为导向，当环境发生变化时，个体的反应也会适时发生转变，有效抑制了自动化的反应倾向。

第三节　抑制控制

一、抑制控制的概念

Harnishfeger 认为抑制控制（inhibitory control）是通过过滤无关信息，保障有关信息在工作记忆中的充分加工，进而提升认知效能的一种能力。Rothbart 提出抑制控制是排除无关干扰刺激的能力，在认知活动的表征中起着重要作用。Nigg 提出的抑制控制是指通过阻止无关信息或干扰信息进入工作记忆，保障个体进行正常思维和行为活动的一种认知加工过程。抑制控制不是单一的机制，它包括阻止已经激活的但是与目标无关的信息，抑制当前情境中不需要的优势反应，压制无关信息在头脑中的活动。

二、抑制控制的分类

一些研究者从不同的角度对抑制控制做了不同的划分。

根据对象的差异，抑制控制分为行为抑制和认知抑制。行为抑制是对外显的、不恰当、不合适的行为进行抑制，如延迟满足、抵制诱惑和动作压制；认知抑制包括对认知内容和认知过程的抑制，如选择性记忆。

根据有无意识的参与程度，抑制控制分为有意抑制和无意抑制。有意抑制是指刺激被识别为无关干扰后，个体有意识地进行的抑制，如思维抑制；无意抑制是指发生在意识知觉之前的抑制，个体一般意识不到抑制过程，这是一种自动化的加工过程，如负启动效应。

根据作用范围，抑制控制可分为整体性抑制和选择性抑制。整体性抑制是指为了提高目标加工的水平，对与任务无关的其他外部所有干扰刺激或对正在进行的全部任务进行的抑制；选择性抑制是指对任务无关的某一外部干扰刺激或分支任务进行的抑制。

目前研究中使用较多的是把抑制控制分为反应抑制和干扰抑制。反应抑制是指个体对当前不需要或不恰当的优势行为进行抑制。反应抑制一般使用 go、nogo 任务和停止信号（stop signal）任务进行测量。干扰抑制是指对与当前任务无关的干扰刺激的抑制。干扰抑制一般使用 Stroop 任务、Flanker 任务、Simon 任务进行测量。

三、抑制控制的神经机制

脑科学的发展使得越来越多的学者对抑制控制的神经机制做出了研究。前扣带皮层和前额皮层被认为是抑制控制主要的神经基础。关键脑区包括背外侧前额叶、右侧额下回、右侧额中回、前扣带皮层。Sheth 等人让被试完成 Stroop 类的任务，利用行为和 FMRI 数据探究了不同干扰条件下大脑皮层的变化，发现与无关干扰条件相比，被试在干扰条件下反应时增长，并且前扣带回的激活程度增强，这表明前扣带回与干扰相关。随后，Gehring 对脑损伤病人的研究也发现，在干扰任务中，相比正常人群，大脑前额皮层受损的病人错误率更高，表明抑制干扰与前额叶有一定的相关性。前额皮层被多数研究者认为在认知控制中扮演主导的角色。Beeli 利用经颅直流电刺激技术，使用 go、nogo 任务范式来探究个体的冲动性水平，该研究表明经颅直流电刺激的阳极刺激右侧背外侧前额叶时，会有效降低个体的冲动性水平，较阴极刺激下个体 nogo 的虚报率下降。王慧慧等人使用停止信号任务，同样将经颅直流电刺激作用于健康大学生的右侧背外侧前额叶区域，结果也发现，经颅直流电刺激阳极刺激右侧背外侧前额叶可以显著改善被试的抑制能力，较阴极刺激被试的停止信号反应时显著减小。该类研究为额叶是抑制控制的主要脑区提供了因果性的证据。总的来说，前扣带回负责对冲突的监视和探测，一旦前扣带回监测到了冲突，右侧额下回就会发出抑制不恰当反应的指令，使个体能够灵活应对各种突发情况。

四、抑制控制的作用

抑制控制是中央执行系统的主要成分之一，所以引起了广泛关注和研究。Hasher 等人提出了抑制衰退说，认为抑制控制能力的衰退会导致更多无关信息进入工作记忆，使得有关信息的加工受到影响，进而影响认知能力。所以抑制控制是影响工作记忆容量的重要因素，工作记忆容量的减小会导致个体的认知加工资源减少。抑制控制的差异为个体的高阶认知功能（如工作记忆、流体智力等）差异提供了很好的解释。相关的 FMRI 研究表明，抑制控制同样会激活前额叶和顶叶，而前额叶和顶叶是高阶认知功能的关键脑区。良好的抑制能力对人的心理和行为都有积极的影响，而抑制能力的缺陷在神经精神疾病中起着至关重要的作用，如强迫性情感障碍、成瘾和精神分裂等。抑制控制作为一种认知能力，从幼儿时期不断发展，于成年趋于成熟，于老年趋于下降。这种动态的发展变化说明抑制控制能力具有可塑性,使得抑制控制训练成为提升认知能力的一种方式。通过认知训练,可以提高个体的干扰控制能力。贾丽娜(2018)采用自适应的训练程序对成人和儿童进行了为期20天的训练,结果表明,与对照组相比,儿童和成人的抑制能力都有所提升,且训练效果能够迁移到部分其他认知任务上。王君(2013)在对老年人的抑制控制训练中,使用上机训练程序和游戏任务相结合的训练方案,对老年人进行了1个月的训练,并在12周后进行了追踪。研究表明,训练组的抑制控制表现显著提高,出现近迁移效应,且训练组的液态智力有所改善。综上所述,抑制控制对个体的认知能力和行为方式都有着重大的影响,所以了解抑制控制的影响因素,对提升抑制控制能力或是克服抑制缺陷都有重大意义。

第四节　认知控制的研究范式

测量抑制控制的范式主要有:go/nogo 任务、停止信号任务(Stop signaltask,SST)、Flanker 任务、Stroop 任务和 Simon 任务。有研究者将抑制能力划分为反应抑制(response inhibition)和冲突抑制(interference inhibition)两个子成分。其中,go/nogo 任务和停止信号任务属于反应抑制范式,要求个体在某些条件下做出按键反应,在另外一些条件下抑制反应。Flanker 任务、Stroop 任务和 Simon 任务属于冲突抑制范式,被试需要在一致和冲突条件下做出按键反应。例如,Flanker 任务呈现一排5个箭头,要求被试判断最中间箭头(目标箭头)的方向。一致条件为“→→→→→”或“←←←←←”;不一致条件为“→→←→→”或“←←→←←”。相比于一致条件,被试在不一致条件下反应时较大,二者的差值反映了个体冲突抑制能力的高低。

一、刷新能力范式

测量刷新能力的范式主要有:广度任务(操作广度任务/阅读广度任务)、*n* - back 任务和活动记忆任务(running memory task)。操作广度任务(operation - span-task,OSPAN)和阅读广度任务(reading - span task,RSPAN)要求个体在记忆单词的同时进行其他的任务。OSPAN 任务中,个体需要在记忆单词的同时,解决简单的数学运算(如判断“3 + 3 = 6”是正确还是错误),而在 RSPAN 任务中,数字运算被更换为判断一句话是否合乎常理。比如,“保罗用铲子挖了一个洞”是一句符合常理的话，而“凯伦整个下午都在烘焙桌子”不符合常理。n－back 任务要求被试判断当下出现的刺激是否与先前第 n 个一致，活动记忆任务要求被试在每组刺激呈现结束后回忆最后 n 个刺激，二者差异之处在于 n－back 任务需要即时判断，而活动记忆任务需要等到记忆材料呈现完毕后再做出反应。有研究者认为广度任务与 n－back 和活动记忆任务测量的工作记忆在概念上有所不同，广度任务测量的是存储和运行信息的效率，即工作记忆能力（working memory capacity，WMC），而 n－back 和活动记忆任务测量个体刷新记忆内容的能力。但也有研究者认为，广度任务和活动记忆任务测量的工作记忆过程是一致的。

二、任务转换范式

对于转换任务，主要使用的范式为任务转换范式，要求个体在线索提示或任务指示下做出不同的反应。比如，要求被试在不同颜色背景下对数字的不同属性进行判断，即在蓝色背景下判断数字大小，在绿色背景下判断数字的奇偶性。前后任务内容相同为重复任务，任务内容不同为转换任务。研究发现，与完成重复任务相比，被试在完成转换任务时的反应时显著增长，这一现象被称为转换代价（switch cost）。

三、Simon 任务

Simon 范式是 Simon 于 1969 年提出的，要求被试根据目标出现的位置做出相反的反应，如目标出现在视野的上方，则做出“下”的反应。实验表明，与要求被试在看到目标在视野下方做出“下”的反应相比，被试的反应会明显增加。在 Flanker 范式中，要求被试只根据中间目标字母进行反应，而忽略目标字母两旁呈现的侧抑制刺激。实验表明，被试对目标刺激的认知加工会受到两旁的两个相同的干扰物的影响，这就是侧抑制效应。

当任务要求对目标刺激的空间位置进行反应，刺激与正确反应要求的按键位置一致与不一致的情况相比，反应时显著缩短，准确性明显提高。这种空间维度的刺激－反应的同侧易化现象被称为“刺激－反应一致”（stimulus－response compatibility，SRC）效应。

Simon 任务是刺激－反应一致性效应范畴下的一个典型范式。典型的 Simon 任务是要求被试对单侧呈现（例如呈现在中央注视点的左侧或右侧）的刺激的非空间特征（例如刺激颜色为红色或绿色）做出单侧性的按键反应（如左键或右键），而要求其忽略呈现的空间位置。尽管刺激位置和任务要求不存在关系，但是研究却发现位置信息自动激活了空间上一致的反应,因此产生反应冲突。刺激程序呈现的位置会影响空间反应,即当刺激位置和反应在同侧(条件一致)较之对侧(条件不一致)表现更好(速度更快,错误率低),这个现象被定义为Simon效应。

Simon效应是人类知觉－行为关系中的一个重要现象,是Simon和Rudell最先发现的。其中,条件不一致(in congruent)与条件一致(congruent)下的反应时差值代表效应的大小。Simon效应代表相关的刺激维度(刺激特征)与无关维度(位置)之间的干扰程度,也反映了提取相关目标信息和抑制无关冲突信息的功效。Simon效应与反应产生的冲突呈正相关。冲突效应的存在说明选择注意没有完全过滤掉无关信息。

Simon任务中出现的冲突适应效应结合了冲突检测和特征整合两种理论。在Simon任务中,无论刺激反应是完全改变还是部分改变,冲突适应效应都会出现。David等人以数字为实验材料,采用Simon任务范式,探讨了冲突适应效应是否受到情绪的影响,结果发现没有显著影响,冲突适应效应稳定存在。有研究发现,当在实验中出现其他条件时,Simon范式中的冲突适应效应会消失。

实验程序:电脑屏幕中央首先呈现注视点"＋"300 ms,空屏300 ms后呈现Simon任务500ms,屏幕单侧会出现一个箭头(↑或↓),被试的任务是判断箭头的朝向而不是空间(左右)位置。若箭头朝上,则按"F"键,若箭头朝下,则按"J"键,记录被试的反应时间和正确率。实验共2个block,每个block中有100个试次(图3－3)。为熟悉具体操作,在正式施测开始前需要进行练习。

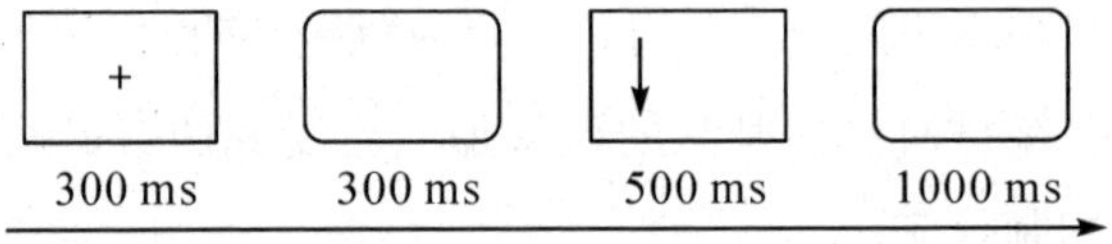

图3－3　Simon任务实验流程图

四、n－back任务

n－back作为一种连续加工的任务,该范式最早由Kirchner于1958年提出,目前该范式主要用来研究注意的刷新功能。n－back任务在涉及对倒数n个刺激的存储的同时更重要的是记忆内容的连续性更新。在标准n－back(Standard n－back task)范式中,无论n如何变化,刺激呈现的位置不会发生改变。当n＝1时,即1－back任务,大部分研究用于工作记忆的认知加工过程。当n的取值不断增大时，任务复杂性逐渐增加，需要储存的信息增加，干扰加工的因素如刺激的序列、记忆负荷等增多，其加工过程也会逐渐复杂。采用 *n* – back 范式最重要的一点是，当任务被设计成连续的工作记忆负荷时，其他任务可以保持不变。

例如，在 2 – back 任务中，采用 4 个英文字母（A、B、C、D）作为实验材料。为了熟悉实验的具体操作，被试需要先进行练习（15 试次）。每一个试次开始后，电脑屏幕中央呈现一个 500 ms 的注视点，注视点消失后，呈现刺激（字母）700 ms，需要被试记住这个字母。刺激消失，随后呈现一个 500 ms 的注视点，注视点消失后，电脑屏幕中央呈现一个刺激（字母）700 ms，需要被试记住这个字母，刺激消失后，在屏幕中央呈现一个 500 ms 的注视点，注视点消失后呈现一个刺激（字母）700 ms，要求被试判断当前字母和它前面隔一个位置上的字母是否相同，如果判断为相同，则按“F”键，如果判断为不同，则按“J”键。后面依次进行比较，判断相同的试次和不同的试次各占 50%（图 3 – 4）。

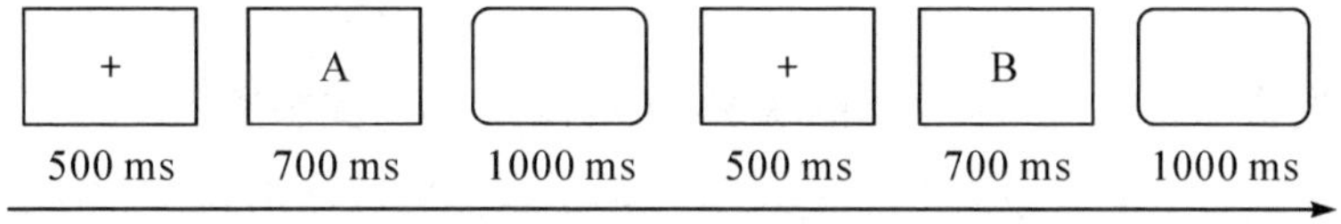

图 3 – 4　2 – back 实验流程图

五、AX – CPT 任务

AX – CPT 范式是一个相对成熟的能有效分离主动性控制和反应性控制的研究范式，在诸多研究中都得到了广泛的应用，有大量的经验性支持。在 AX – CPT 范式上辅以 ERP、FMRI 等技术，可以将两种认知控制策略权衡的行为表现与神经激活相结合，更利于研究这一权衡的神经机制。但由于被试在 AY（或 BX）序列上的行为表现是主动性控制与反应性控制共同作用的结果，其考察的是认知控制策略权衡的变化，而不是这两种认知控制自身的认知神经差异。所以，这一范式并未完全将这两种认知控制的加工过程相分离。当然，这两种认知控制的加工过程可能本身就是相辅相成、不可分割的。此外，AX – CPT 范式中的试次时长较长（5 ~ 8 s），用于分析行为结果的试次较少（AY 和 BX 试次，占总试次量的 20%）。

AX – CPT 基础范例的优势为可以更好地将主动性控制和反应性控制从认知控制中分离开来，有利于对认知控制的两种类型进行单独评价。具体来讲，在 AX – CPT 基础范式中，实验被试清楚知道，只有 AX 目标才是靶目标，必须避免 AY、BX 两种非目标反应，但两种实验类型下容易形成认知对立，实验被试为了解决这个对立,需要强化认知控制。为了更好地完成实验任务,被试应该在 BX 序列采用主动性控制,AY 序列采用反应性控制,如果对这两个序列采用相反的策略,结果非但不利于解决冲突,反而进一步加深被试的认知矛盾,表现为认知控制成绩较差。

主动性控制是依赖于特定目的。从刺激信息形成到实现按键动作的过程中,主动性控制策略需要确保信息的完整性。主动性控制的作用体现在可以随时调整计划以实现目标。认知控制通过线索刺激激活,线索刺激与探测刺激之间存在一定时长的延迟期,在此期间要保持线索刺激的完整性,之后将线索刺激与探测刺激进行匹配,认知控制根据匹配结果选择机制,从而实现反应系统有序工作。在 AX - CPT 基础范式的 BX 序列中,在探测线索 X 呈现并诱发目标反应的趋向之前,为了加强主动性控制并防备冲突,需要积极维持线索刺激 B 的表征,才能避免错误反应。AX - CPT 基础范式研究中,将主动性控制操作定义为 BX 试次反应时或错误率的降低。

反应性认知控制意味着机体的认知控制功能是由探测刺激诱发的。上下文信息只在线索刺激呈现后被简单激活,个体保留的信息完整度不高,控制反应的机制因此被限制。在探测刺激显现时,刺激检索系统又一次被短暂激活,一旦达到完全激活水平,就可以克服由线索刺激产生的临时干扰,做出只与探测刺激相关的反应。在 AX - CPT 基础范式的 AY 序列中,可以通过反应性控制来减弱线索刺激 A 的干扰,提高监测 Y 的瞬时处理能力,注意到 Y 与非靶反应之间的联结,可以减少线索刺激 A 引起的错误反应倾向。AX - CPT 基础范式研究中,将反应性控制操作定义为:AY 试次反应时或错误率的降低。

主动性控制与反应性控制各有优劣,在适当的场景下都有不可替代的作用。个体在不同实时情境下的倾向性选择,就是认知控制权衡的结果。换句话说,面对不同的目标任务或突发事件,个体采用主动性控制还是反应性控制是对当时情境与事件综合判断的一种处理结果。

AX - CPT 基础范式中,利用 BX 与 AY 试次反应时与错误率的变化趋势来判断认知控制的选择倾向,若 BX 反应时或错误率显著低于 AY,则个体倾向于主动性控制;反之,个体倾向于反应性控制。

实验过程:14.6 英寸笔记本电脑呈现刺激并记录被试的反应,共 200 试次。在正式施测之前,被试需要完成练习任务(20 试次),正确率在 90% 以上再进行正式施测。实验任务开始后,先呈现线索刺激(A 或 B),再出现探测刺激(X 或 Y),线索与探测刺激的时间间隔为500 ms。要求被试在对线索刺激“A”之后出现的探测刺激“X”按“F”键作反应(即AX试次),而对其他3种情况按“J”键作反应(即AY、BX、BY试次)。按键时采用被试间平衡,其中AX试次占70%,其他3种试次各占10%。实验要求被试在探测刺激呈现时既快又好的反应,探测字母在按键反应后消失。两个试次间隔100 ms(图3-5)。

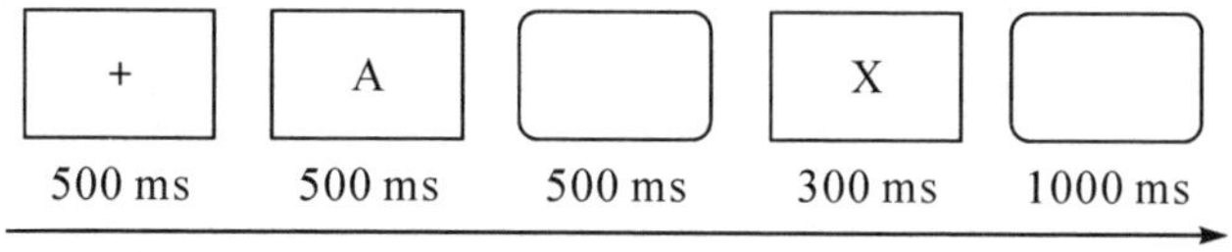

图3-5　AX-CPT实验流程图

六、Stroop范式

Stroop范式来源于美国心理学家Stroop在1935年进行的一个实验,他利用颜色和意义不同的刺激材料证明了人们阅读时会受到字义的干扰。在任务中给被试呈现不同颜色书写的色词,要求被试对色词的颜色进行反应,词的颜色与语义关系有两种:一致或不一致。被试在色词不一致条件下(如蓝色书写的“红”字),相对于一致条件(如红色书写的“红”字或蓝色书写的“蓝”字),有更长的反应时。这种色词的颜色信息与语义信息相互干扰的现象就是经典的Stroop效应。

Stroop任务通常在刺激冲突的相关研究中使用。按照刺激和目标之间的关系特点,可以分为两类:一类是低程度冲突关系,指刺激与目的一致;另一类是高程度冲突关系,指刺激与目标完全不同。认知一方面处理与目的相关信息,另一方面抑制与任务目标不一致的干扰。

第五节　基于冲突解决的双重认知控制

多数认知控制理论认为,个体对自身思想和行为冲突的控制是通过主动地抑制不恰当行为、激活与任务相关的行为偏向、形成与规则相一致的表征方式来实现的。Braver及其同事认为存在与此不同的另一种冲突的认知控制方式——反应性控制(reactivity control),并将上述认知控制方式称作主动性控制(proactive control),从而形成双重认知控制理论(Braver et al.,2007)。主动性控制是在反应前维持与目标相关信息的表征来预防冲突,反应性控制是重新激活与目标相关的信息以解决冲突。

一、主动性控制与反应性控制

主动性控制是指在任务之前的准备阶段,有选择地对任务相关的线索信息进行注意加工和维持,在随后的时间内(线索信息呈现到开始反应的时间间隔),在工作记忆中积极地表征和维持这一线索信息,从而形成相应的反应准备,运用线索信息预测接下来所要做出的反应(Braver et al. ,2007)。比如,在做一件事前,我们会先把与事件相关的信息搜集起来,加以分析,形成做事计划。主动性控制是由目标驱动的,在事件发生之前对与目标相关的信息进行持续的激活和保持,从而调动注意偏向、感知和行动系统以形成相应的反应准备,是一种早期选择的认知控制。作为一种未来导向的加工方式,主动性控制通过预测当前情境,调动个体的认知系统为即将到来的事件做准备。主动性控制是一种目标驱动的认知控制,受自上而下的信息加工的影响,通过积极和持续地维持目标相关信息来应对任务过程中可能出现的冲突。

反应性控制是指个体在即将做出反应的情况下,能够快速运用任务中的相关信息解决冲突,做出反应,当需要先前线索信息时,通过检索来重新激活先前的线索信息,以指导当前的反应并修正可能存在的错误反应倾向。比如,在做事的过程中,出现了一些与事件相关的新信息,那么我们就应该灵活地运用这些信息以促进正在进行的工作;当这些信息与先前的认知产生冲突时,可以调用先前信息以解决冲突。反应性控制是一种探测驱动(probe - driven)的控制,受自下而上的信息输入影响较大(Braver et al. ,2007)。Braver 等人假设一个认知系统的预定模型是反应控制的,因为多数情况下是不使用的,且对于新陈代谢的资源需求较低。相反,主动控制模型仅在复杂的情境中暂时被唤起。反应性控制是由线索驱动(cue - driven)的,是在任务过程中根据出现的与目标相关的信息来重新激活先前的线索信息,以调整注意、感知或行为的一种晚期矫正的认知控制。作为一种回顾式的加工方式,反应性控制是自动的、线索驱动的、短暂且灵活的加工方式,主要受自下而上的信息加工的影响。

主动性控制是基于对未发生的特定情况的预期与准备,而反应性控制是基于探测冲突。主动性控制依赖于早期预期,在干扰之前发生;而反应性控制依赖于过程调整,发生在干扰和冲突之后。反应性控制必须在有意识层面进行,因为会消耗大量的认知控制资源,而主动性控制则可以在无意识层面进行,不会造成资源的消耗。

双重认知控制理论认为两种控制方式既相互分离,又可以同时被个体运用,二者可以协调起来完成当前的任务。此外,个体在认知任务中可以根据当前任务要求、周围环境、自身条件等在二者之间权衡,从而选择最有利的认知控制模式来完成认知任务。

二、两种认知控制的策略权衡

双重认知控制理论认为,这两种认知控制方式相互独立,可以同时被个体运用,而非二者择其一。由于主动性控制和反应性控制各有利弊,个体在认知任务中需要对这两种认知控制进行权衡。主动性控制通过在反应前维持线索信息的表征来阻止冲突,是一种早期选择加工,能更有效地控制行为。但它依赖于可靠的线索信息,需要较多的认知资源和生理资源来保持对线索信息的持续性表征,对非预期的信息不够敏感。因此,在线索信息可靠性低、反应准备阶段过长、非预期信息的比例较大等情况下,主动性控制就很难充分发挥优势,相反采用反应性控制将变得更得心应手。反应性控制在反应前期准备阶段,信息的表征较少,与反应相关的准备不多,不会有太大的认知负载,是一种晚期修正加工。与主动性控制相比,它的适应性更好、资源消耗更低、更利于向自动化转变,但其控制效果不够理想。当对任务操作要求较高(如高正确率)、当前刺激提供的信息不足时,运用主动性控制则为上策。

在认知任务中,个体需要根据任务要求、周围环境、自身条件等,在主动性控制与反应性控制之间进行权衡,以形成对任务操作最有利的认知控制模式。影响认知控制的权衡的因素很多,如被试为了获得任务奖励会增强对反应的前期准备,对主动性控制的偏好;老年人的前额叶功能自然衰退使得维持表征的能力受损,会偏向反应性控制。正是由于个体能够在不同的条件下对主动性控制与反应性控制进行策略权衡,才使得个体的认知控制具有更高的灵活性和适应性。同时,这一权衡也可以解释工作记忆和认知控制领域的研究中存在的诸多个体内和个体间差异。

三、两种认知控制的权衡神经机制

认知控制包含对冲突或干扰的检测与控制。许多神经影像研究发现认知控制与前扣带回与背外侧前额叶有关。负责检验冲突的 ACC 被实验刺激中的冲突激活之后将信号输送给负责控制冲突的 DLPFC,只有冲突被抑制,个体才能更好地做出判断并完成任务。研究发现,前额皮质和顶叶皮质等负责控制的脑区与认知控制相关。主动性控制和反应性控制均会激活与认知控制普遍相关的脑区,只是在激活的时间和强度上有所不同。

PFC 在积极维持对环境信息的内部表征上有重要作用,其他认知过程可以依据这一表征有倾向地进行加工。在认知控制上表现为使任务相关信息得到加工,同时使任务无关信息得到抑制,从而减弱冲突,达到控制效果(岳珍珠 等,2004)。主动性控制需要在反应准备阶段对线索信息保持持续性的表征,这就要求 PFC 保持持续性的高激活状态,而采用反应性控制时,PFC 在探测刺激呈现后,需要检索并重新激活线索信息以调节反应时激活性较强,是暂时性的而非持续性的。Braver 等人(2009)的研究表明,在对两种认知控制进行权衡时,老年人和年轻人的外侧前额叶的激活均表现出类似的时间动态变化:当从主动性控制向反应性控制转移时,其激活从线索和延迟时期向探测时期转变;反之,则从探测时期向线索和延迟时期转变。两种认知控制间的权衡表现在 PFC 上的时间动态变化是相对稳定而有规律的。因此,可以通过分析 PFC 的时间动态变化来考察不同条件下个体对两种认知控制的权衡。

ACC 负责觉察和监测冲突的产生,通过对当前冲突进行监测和估算,来确定是否需要更强地自上而下的控制,并促进其他脑区(如前额叶和顶叶)的神经活动调节。双重认知控制理论认为,ACC 在主动性控制和反应性控制中具有双重作用。首先,反应性控制只在出现冲突时,运用当前信息或重激活先前信息来解决冲突。ACC 对冲突的监测能够促进反应性控制对冲突的觉察和解决。其次,ACC 可以引起自上而下的控制并提高反应相关准备,也就增加了对随后试次的主动性控制。

第四章　认知重评

第一节　认知重评概述

一、认知重评的概念

认知重评主要以改变自己对当前情境或事件的看法来调节自己情绪感受的大小和时间(Gross et al. ,2007)。Gross(1998a)情绪过程调节模型将情绪调节分为发生在情绪反应前的先行关注情绪调节与发生在情绪反应后的反应关注情绪调节。使用不同的策略调节情绪时,情绪体验、生理反应以及神经机制都存在差异。情绪调节策略中最常见的,也是尤其有效的策略是认知重评,作为典型的先行关注情绪调节策略,认知重评通过重新解释同一情绪事件的意义来改变此情境导致的情绪体验,相比于反应关注情绪调节策略的典型代表——表达抑制,认知重评具有更好的调节效果,它以更积极的方式重构情绪事件,可以有效提高个体的心理健康水平,降低其抑郁症状。

二、认知重评的类型

(一)根据认知重评的加工层次划分

Gross 曾提到,情绪调节是从需要主观努力和意识控制的有意识调节到不需要主观努力、自动的无意识调节的连续统一体。因此,根据认知重评的加工层次可以将其分为意识调节和无意识调节。意识调节主要体现为指导性认知重评,在实验过程中给予具体的认知重评策略,从而影响被试的情绪;而无意识调节主要体现为习惯性认知重评或自动化认知重评,可以通过先前的认知重评策略练习,使认知重评策略的使用变成一种自动化的过程,然后呈现相应的情绪启动图片,让个体报告情绪体验,如果情绪体验低于没有进行认知重评学习组,那么,就说明认知重评策略变成了自动化加工的过程,即一种无意识的加工。

(二)根据认知重评的评价程度划分

面对不同的情绪事件,可以根据个体对刺激评价的强弱程度,将认知重评分为评价忽视和评价重视两种。评价忽视要求个体尽量不去感受情境可能引起的情绪,采取忽视、回避和减弱等方式,对情境中可能引起情绪的刺激进行评价。例如,给被试播放一个灾难场景,让被试心中默念“这是假的”。评价重视是指个体通过对可能引起情绪的情境进行评价,增强情境与个人的关联性。例如,依然给被试播放一个灾难场景,让被试联想自己之前经历过的救援情境。

(三)根据认知重评的关注角度划分

Baumeister 根据面对情绪事件,是关注自我与情绪事件的关系,还是关注情绪事件的情境意义,将认知重评分为自我关注和情境关注。自我关注又称分离重评,是指通过调整自我与情绪事件的心理距离来重新看待个体与情绪刺激的关系。例如,呈现一张车祸现场图片,让被试以第三人称的视角看待图片事件。情境关注(即积极重评)则是关注情绪事件的情境,通过改变情境的意义或刺激的结果进行情绪调节。例如,呈现车祸现场图片,让被试想象救援马上就到。

三、认知重评的研究方法

(一)情绪调节问卷法

情绪调节问卷是由 Gross 于 2003 年编制,王力等人于 2007 年修订的。该问卷用于测量个体在进行情绪调节时习惯使用认知重评和表达抑制的程度。一共 10 题,分为认知重评和表达抑制两个维度,其中认知重评 6 题,表达抑制 4 题。采用 7 点计分,分数越高,表示被试越习惯采用该种方式进行情绪调节。该问卷具有良好的信效度,这两个维度的内部一致性信度和重测信度都在 0.75 以上。可以利用该量表对习惯性认知重评进行测量。

(二)指导性情绪调节范式

指导性情绪调节范式主要研究过程为先呈现情绪刺激,然后给出情绪调节策略指令,最后进行情绪评定;也可先给出情绪调节指令,然后呈现情绪刺激,最后进行情绪评定。为了更好地体现情绪调节策略的有效性,有些实验过程采用前后测相结合的方式。该范式可以根据研究目的的不同进行变式,同时,该范式主要应用于意识层面上的认知重评研究。

(三)句子整理任务范式

句子整理任务范式主要用于无意识层面上的认知重评研究,该范式在实证研究中被广泛应用,能够有效地操纵自动情绪调节。主要操作过程如下:呈现5个无序词组,然后选择4个词语组成一句通顺的句子,每个词语只能用1次,而且不能使用没有出现的词语,然后报告出来,而认知重评的词语则隐藏在其中。例如,给被试呈现“解构”“图画”“他们”“傍晚”“房屋”,被试可以将其中4个词组成“傍晚他们解构图画”,而“解构”这个词可以起到认知重评的作用。已有研究表明,该范式可以有效探讨无意识认知重评对情绪调节的影响。

(四)执行意图范式

执行意图范式是研究自动化情绪调节的实验范式,可以在无意识层面上研究认知重评。主要通过将意识调节改为自动化调节,使个体在遇到情绪事件时,调节方式可以自动激发。我们可以通过“如果……那么……”的练习形式,为个体实现某一目标制订一种计划。例如,如果看到灾难场景,那么我就保持冷静。当我们建立了线索与目标行为的关联时,当出现类似的情境时,我们就能作出相应的反应,这个过程是自动化进行的,并不需要个体有意识地操控。Gallon 等的研究表明,执行意图是一种不会增加个体认知损耗而且有效的情绪调节策略。

第二节　认知重评对负性情绪的调节及其生理机制

一、认知重评对厌恶的调节作用

Gross(1998;2002)对比了认知重评与表达抑制对厌恶情绪的作用,结果表明,认知重评降低了厌恶情绪的体验和行为表达,但对交感神经活动(例如心血管、皮肤电系统)没有明显的影响。黄敏儿等人(2002)发现认知重评可以降低人们在观看厌恶电影时的心率,这说明认知重评可以有效减少外周生理反应。Shiota 等人比较了认知重评中的分离重评与积极重评,发现在男性身上两种测量均减少了生理反应，在女性身上积极重评减少生理反应，分离重评增加了生理反应。Gallon 发现，自动化的认知重评可以有效调节被试对恶心图片的主观体验。

二、认知重评对焦虑的调节作用

认知重评能够负向预测个体的焦虑水平，焦虑患者很少使用认知重评策略，当指导焦虑患者采用认知重评以后，他们能够很好地调节情绪。认知重评可以减少焦虑。认知重评与表达抑制两种策略均能降低被试的消极体验。认知重评能够缓解高血压患者的焦虑情绪，而且还能降低、稳定其血压。认知重评的效果优于表达抑制，并且在自动化水平上对焦虑的调节效果优于意识水平。

三、认知重评对抑郁的调节作用

王春梅（2012）对比了抑郁症患者与正常被试，发现认知重评降低了负性情绪体验，抑郁症被试在指导下能利用认知重评策略降低负性情绪体验，是有效的情绪调节策略，但是实验也发现抑郁症患者的情绪调节能力受损，虽然在指导下可以使用认知重评，但是效果不同于正常被试。王晓霞等人（2015）采用正性图片来研究抑郁症患者的认知重评效果，结果显示，抑郁症患者能够使用认知重评策略增强或减弱正性情绪。徐彦君等人（2020）探讨认知重评和表达抑制在知觉压力与抑郁关系中的作用，研究指出，在高知觉压力下，多使用认知重评、少使用表达抑制有利于减少抑郁情绪的产生。

四、认知重评对恐惧的调节作用

程利（2011）发现认知重评比表达抑制策略在较早的时间减少个体由恐惧情绪诱发的电生理反应，而且作用时间比较长，具有一定的效果。经过学习情绪调节策略，使个体达到自动化使用的水平，发现表达抑制比认知重评能更多地减少恐惧情绪诱发的电生理反应。也就是说，在意识层面上，认知重评与表达抑制作用相同，而在无意识层面上，表达抑制作用优于认知重评。

五、认知重评的生理基础

（一）认知重评的脑区特点

认知重评的情绪调节本质上是一个认知控制情绪的过程。许多功能成像研究发现，背内、外侧前额叶，前扣带回，背外侧、腹内侧前额叶，脑岛，顶叶，海马，杏仁核参与认知重评过程。已有大量研究发现，认知重评可以有效减弱海马和腹侧纹状体的激活，也有研究发现认知重评可以有效减弱脑岛和背侧前额叶的活动。另外，左侧前额叶的激活可以反映积极认知重评，而对于负性评价的调节则体现在右侧杏仁核的激活减弱上。孙岩(2020)通过脑电分析，发现被试在使用认知重评进行情绪调节时会激活前额叶皮质、扣带回、顶叶、海马旁回和枕叶等多个脑区。在认知重评时，各个脑区之间是如何相互联系并发挥作用，这个方面的研究比较少。

(二)认知重评的脑电特点

在情绪调节策略的 ERPS 研究中，晚期正电位(LPP)是一个比较重要的脑电信号。这是一个在情绪刺激约 300 ms 之后出现的正电位慢波，顶区附近峰值最明显，持续几百毫秒。研究发现，情绪刺激比中性刺激诱发更大的 LPP 幅值，并且 LPP 可以作为认知重评时间进程的理想成分，认知重评的使用可以导致 LPP 波幅降低。研究表明，认知重评导致 LPP 在负性刺激下呈现 200 ms 波幅减小且持续一段时间。郭城等人(2019)发现，情境修正和认知重评均可降低 LPP 波幅，但是作用的时间不同，认知重评对 LPP 的调制作用出现较晚，发生在 LPP 产生后 1600 ~ 3200 ms。并不是所有的研究结果都是一致的。Gardener 等在认知重评下并未发现 LPP 幅值的变化，而 Langeslag 的实验则显示认知重评反而增加了 LPP 幅值。连海鹏(2020)发现与负性观看相比，认知重评诱发更大的 N200 和 P200，并对 LPP 早期(刺激开始后 300 ~ 1000 ms)幅值的调节作用表现出“增加”和“减小”两种模式，认知重评成功时 LPP 早期幅值与负性观看组相比差距明显。

第三节　认知重评的理论基础

一、Arnold 评定 - 兴奋说

美国心理学家 Arnold 的兴奋学说，是一种关于情绪产生机制的理论。该理论认为情绪是由一系列的兴奋(或抑制)过程引起的，这些兴奋(或抑制)过程可以由外部刺激或内部心理活动引起。情绪的兴奋过程可以分为“触觉兴奋”和“情绪兴奋”两个阶段。触觉兴奋是指外部刺激对感官系统的刺激，而情绪兴奋则是指受到外部刺激后，人的心理活动引起的兴奋。兴奋的强度取决于外部刺激的强度和内部心理活动的强度，兴奋的持续时间取决于外部刺激的持续时间和内部心理活动

的持续时间。情绪强度可以通过衡量身体反应来评估，例如心率、血压、呼吸等，而情绪持续时间可以通过观察情绪的持续时间来评估。Arnold 认为，通过衡量情绪强度和持续时间，可以更准确地评估一个人的情绪状态，从而更好地了解其心理状态。兴奋过程可以分为“兴奋增加”和“兴奋减少”两个阶段，其中兴奋增加阶段是指外部刺激和内部心理活动引起的兴奋增加，而兴奋减少阶段则是指兴奋逐渐减少的过程。

Arnold 的兴奋学说认为，情绪是由一系列兴奋性神经元活动引起的。兴奋学说的实证研究表明，情绪的确是由神经元活动引起的。通过使用动物模型，研究人员发现，在某些情况下，动物的行为会受到神经元活动的影响。例如，在一项研究中，研究人员发现，当小鼠接触到某种情绪刺激时，它们的神经元活动会发生明显的变化。此外，研究人员还发现，当小鼠接触到特定的情绪刺激时，它们的行为也会发生明显变化。这些发现表明，情绪的确是由神经元活动引起的，这也支持了 Arnold 的兴奋学说。

Arnold 在 20 世纪 50 年代提出了情绪的评定 - 兴奋学说，该理论认为，刺激情境并不直接决定情绪的性质，从刺激出现到情绪的产生，要经过对刺激的估量和评价，情绪产生的基本过程是刺激情境—评估—情绪。同一刺激情境，由于对它的评估不同，就会产生不同的情绪反应。评价依赖于记忆和期待，新的事件或情境会诱发关于过去经验的情感记忆。这些记忆和当前情境导致对未来的期待，想象将要发生的事件与我们的利害关系。评估的结果可能对个体“有利”“有害”或“无关”。如果是“有利”，就会引起肯定的情绪体验并企图接近刺激物；如果是“有害”的，就会引起否定的情绪体验，并企图回避刺激物；如果无“关”，个体就会予以忽视。

Arnold 认为，情绪的产生是大脑皮层和皮层下组织兴奋的结果。因此她的理论被标定为“情绪评价 - 兴奋理论”，它实际上包含着环境、认知、行为和生理等多种因素。她把环境影响引向认知，把生理激活从自主系统推向大脑皮层。通过认知评价 - 兴奋的模式，把认知评价和外周生理反馈结合起来，并据此强调，来自环境的影响要经过主体评估情境刺激的意义，情绪才能产生。

Arnold 旨在建构情绪的完整理论，包括情绪的诱发、情绪体验和情绪行为、调节情绪的神经生理机制等，实际上是现象学、认知学和生理学的混合产物。随着认知心理学的发展，评价理论有很大的演变，并分为两大支派。一支是以 Schachter 为代表的认知 - 激活理论，更多地研究生理激活变量和认知的关系；另一支是以 Lazarus 为代表的“纯”认知论，更多地从环境行为和认识的交互影响方面阐述认知对情绪的影响。Arnold 评定－兴奋说说帮助人们更好地理解和控制情绪。

二、Schachter 情绪两因素理论

美国心理学家 Schachter 于 20 世纪 70 年代初提出了情绪二因素学说（two－factor theory of emotion），认为情绪是认知因素和生理唤醒状态两者交互作用的产物。其中，认知因素中包括对当前情境的评估和对过去经验的回忆。

生理唤醒是情绪激活的必要条件，但是真正的情绪体验是由对唤醒状态赋予的“标记”决定的。这种“标记”赋予是一种认知过程，个体利用过去经验和当前环境的信息对自身唤醒状态做出合理的解释，正是这种解释决定着产生怎样的情绪。无论生理唤醒还是环境因素都不能单独地决定情绪，情绪发生的关键在于认知因素。

Schachter 提出的情绪二因素论也称为情绪归因论（attribution theory of emotion），认为情绪既来自生理反应的反馈，也来自对导致这些反应的情境的认知评价。因此，认知解释两次起作用：第一次是当人知觉到导致内脏反应的情境时，第二次是当人接受到这些反应的反馈时把它标记为一种特定的情绪。Schachter 认为，脑可能以几种方式解释同一生理反馈模式，给予不同的标记。生理唤醒本来是一种未分化的模式，正是认知过程才能将它标记成为一种特定的情绪。标记过程取决于归因，即对事件原因的鉴别。人们对于同一种生理唤醒可以做出不同的归因，产生不同的情绪，这取决于可能得到的有关情境的信息。

三、Lazarus 认知评价理论

Lazarus（1966；1970）是情绪认知理论的另一位杰出代表和集大成者，他建立了迄今为止最著名的认知理论框架，形成了一个十分有影响的学派。他将情绪定义为一种“反应综合征”（response syndrome），认为不能把情绪归结为单纯的生理激活、内驱力或动机等某一种单一变量。他认为：“导致放弃情绪概念的某些建议，既非产生于情绪生理记录仪器不够灵敏，也并非由于人们的内省缺乏准确性，而是由于‘范畴的错误’；情绪一词不能归属为一个事物，而应归属为一个综合征，像一种病是一个症候群一样。”同时，他强调，人与所处的具体环境对本人的利害性质决定他的具体情绪；同一种环境对不同的人产生不同的结果，是因为它对不同人具有不同的意义，而这种意义是通过不同人的认知评价来解释的。Lazarus 在此提出了他全部理论的主题：情绪是对意义的反应，这个反应是通过认知评价决定和完成的。

Lazarus 继承并发展了 Arnold 的评价观点，并将 Arnold 的利害评价扩展为一个更加复杂的概念化评价过程（Lazarus，1991）。如图 4－1 所示，“好的或有利”的评价可以从概念上分为多种类型的益处，而“坏的或有害”的评价则可以分为多种不同形式的不利和威胁。评价的结果是产生了不同类型的情绪。

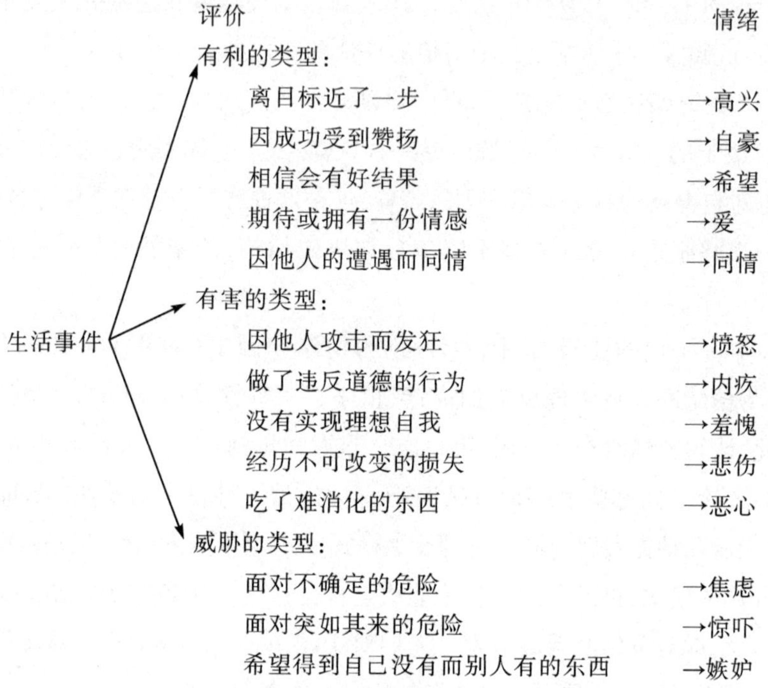

图 4－1　Lazarus 的情绪评价模型：有利、有害和威胁的类型来源

Lazarus 认为，有机体经常搜索环境中他们所需要的线索和需要逃避的危险，对每一个刺激物与自身的利害关系进行评估，如发生的事件与自己的幸福是否有关系。事件与自己的目标是否一致？该事件与自己的自尊有多大程度的相关？这种评估是不断进行的、多回合的，分为初评价和再评价（如图 4－2 所示）。初评价有 3 种类型：当刺激被评价为与自己无关时，评价过程立即结束；当刺激被评价为对自己有益时，这种评价表征为愉快、舒畅、兴奋、安宁等情绪；当情境被评价为有害或使人受伤、紧张时，会产生失落、威胁或挑战的感觉。严重的紧张性评价表征为应激。再评价是初评价的继续，它经常发生在对威胁或挑战的评价中。包括对所选择的应对策略的评价，以及对应对后果的评价。情绪唤醒是通过对情境的再评价并在其所产生的活动冲动中得到的，其中包括应对策略、变式活动和身体反应的反馈后果。这样，每种情绪均包括它自身所特有的评价、活动倾向和生理变化，三者构成一种有组织的情绪反应症候群，三者的具体组合构成的特定模式，就是具体情绪(孟昭兰，2005)。

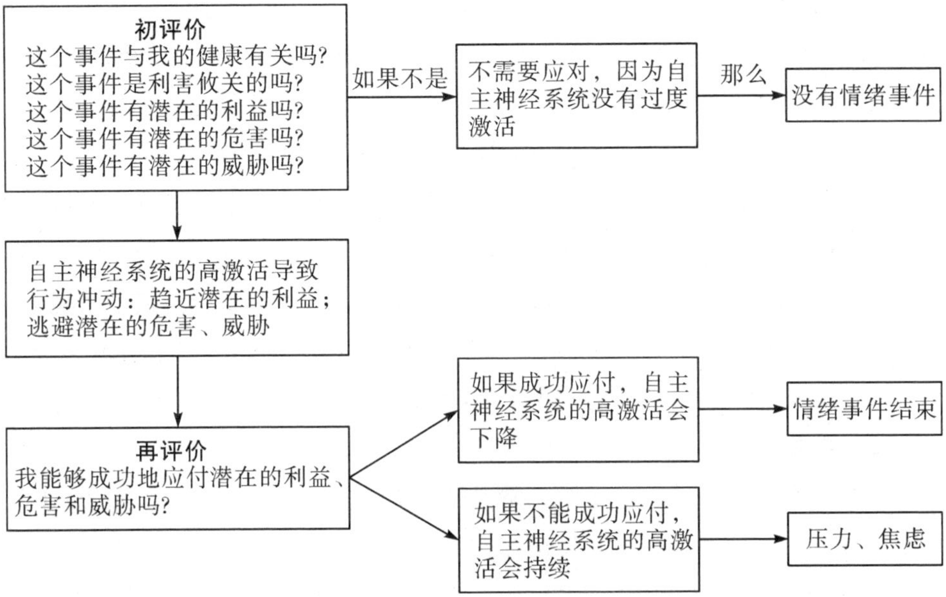

图4－2　Lazarus的情绪评价过程来源

应对(coping)是Lazarus理论的另一个重要概念。个体存在寻找特定刺激并对其做出反应的倾向，这种反应倾向塑造了我们与环境的交互作用。刺激不断变化，个体也不断地应对它们，个体的认知和情绪反应也随之发生改变。Lazarus将应对过程分为两类，第一种类型是对威胁或伤害采取直接行动，情绪是促成这种行动的重要部分。我们徘徊在成功和失败之间，这表明我们的认知和情绪也处于波动之中。第二种类型涉及再评价，是没有任何直接行动介入的认知过程。在现实或者非现实的层面上，我们可以进行从积极到消极的再评价。所有信息都会被评价和再评价，因此我们的情绪生活中就出现了复杂的扭曲和转向。

Lazarus压力与应对模型是一种压力理论，主要用于解释个体在面临压力时的情绪与行为反应。该模型认为，个体在面对不同的压力源时，会先进行主观评估，然后再进行应对。主观评估分为两个阶段，第一阶段是评估压力源带来的风险、威胁或挑战程度，这种评估被称为“初始评估”。如果初始评估认为压力源的程度较低，那么个体会选择较为积极的应对方式，如寻求支持、放松等。如果初始评估认为压力源的程度较高，那么就会进入第二阶段的“再评估”，此时个体会继续评估自己应对压力源的能力和资源，以及应对方式所带来的后果和成效。

初级评估包含 3 个组成要素。一是目标相关性(goal relevance),即情境刺激既没有对个体的内在需求及目标产生促进作用又没有起到阻碍作用,则不会引发情绪,反之则引发多种情绪;二是目标一致性(goal congruence),即个体依据所遭遇的情境刺激是否促进或阻碍自身的利益与目标,不一致则引发消极情绪,反之则引发积极情绪;三是自我卷入类型(type of ego involvement),即情境刺激与自我同一性的关系,主要包括情境刺激同个体的社会角色、社会关系和社会职责的关系。

再评估是个体对拟采取的应对策略进行评估,即有助于个体了解自己可以采取哪些应对方法较为有利,包含 3 个组成要素:一是对结果的责备或赞誉的归因,即内归因还是外归因;二是应对策略,即个体是否以及如何处理所遭遇的情境刺激或实施个人的承诺,具体而言就是以"问题解决为中心"还是以"情绪解决为中心";三是未来期望,即个体在心理上是否感知情境刺激可能朝向有利的趋势或者朝向不利的趋势。

总之,认知评估理论认为情绪本质上是指个体(性格、投入、心境、期望、理想、担忧等)有意识或无意识地与环境交互作用而产生的。初级评估与再评估的主要区别在于评估时所考虑的内容不同,两者相互影响。每一次评估过程的结果,均会引发个体不同的情绪种类与强度,或者修正原有的情绪种类与强度。

在进行应对时,个体会根据主观评估的结果选择不同的应对方式。如果初始评估认为压力源程度较低,那么个体会选择积极的应对方式,如主动寻求支持、积极思考和放松等。如果再评估认为个体应对能力较弱,那么个体会选择消极的应对方式,如逃避、否定、自我责备等。

Lazarus 压力与应对模型的主要贡献是强调了主观评估在个体应对过程中的重要性。这种主观评估是基于个体自身的经验、信念和价值观,因此不同的个体可能会对同一压力源做出不同的评估和应对选择。另外,该模型还强调了应对方式的后果和成效,这一点在应对策略的选择上具有一定的指导意义。在实践应用中,Lazarus 压力与应对模型可以帮助人们更好地理解个体在面对压力时的情绪和行为反应。通过了解个体的主观评估和应对选择,可以更好地帮助他们应对压力源,减少负面影响,提高生活质量。

Lazarus 的理论与 Arnold 一脉相承,并且将评价过程发展为一个更加复杂的体系。评价不只是"好的"或"坏的",而是一种"关系意义"(relational meaning)。评价负责将个人与环境或事件整合为一种关系意义。当关系意义影响到个人的欲望或动机,情绪会内附一种先天的行为倾向,应对过程可能与行为倾向一致,或者冲突，甚至会支配控制行为倾向。后来，为了强调动机在情绪中的作用，Lazarus 将自己的理论称为情绪的“认知 - 动机”理论。

第四节　认知重评和注意分散比较研究

一、情绪强度对个体注意分散和认知重评策略选择的影响

在面对不同的刺激情境时，个体是如何做出判断并选择采用哪种情绪调节策略？许多研究主要探讨当情绪刺激强度不同（高强度或低强度）时，个体在选择情绪调节策略上是否存在差异。这类研究所采用的范式是：随机呈现不同强度的情绪刺激材料以诱发被试不同强度的负性情绪，然后被试在提供的两种情绪调节策略（如注意转移和认知重评）中选择一种，当刺激材料二次呈现时，个体要按照自己选择的策略进行情绪调节。在此基础上，Sheppes 等人（2014）进一步研究在情绪调节策略选择过程中的其他影响因素，发现个体的认知和动机因素对个体的情绪调节策略选择产生一定影响。Gross 等人（2015）提出的情绪调节拓展模型，将情绪调节整个过程分为确认、选择和执行 3 个阶段。Sheppes 等人的研究结果与此模型的阶段划分相一致。在高情绪刺激强度情境下，健康成年人选择认知重评策略的倾向性更高。认知重评作为一种使用频率较高的策略，有多种子策略，其中研究者探讨较多的是重新理解策略和距离感策略。桑标等人（2018）也在此范式的基础上提供 3 种情绪调节策略（重新理解、表达抑制和距离感策略）进行研究，发现被试处在情绪刺激强度较低的情境时，为降低负性情绪体验更倾向选择重新理解和距离感策略；相反，被试选择 3 种策略的比率不存在显著性差异。

在不同情绪刺激强度下，成人会选择不同的情绪调节策略，在青少年和儿童中也存在同样的发现。潘婷婷（2018）的研究将青少年作为研究主体，探讨当情境的强度不同时（低强度负性情境和高强度负性情境），青少年在选择情绪调节策略时会不会出现不同的倾向。结果表明，青少年在低强度负性情境下更多采用认知重评策略调节负性情绪；在高强度负性情境下更多采用回避策略调节负性情绪。杜幼红等人（2020）探讨了在不同情绪刺激强度下，儿童情绪调节策略的选择偏向。研究发现，在高强度的消极刺激下，儿童对认知重评和注意分散的选择偏向不存在显著差异；在低强度的消极刺激下，儿童在两种调节策略的选择倾向上存在显著差

异,儿童更倾向于选择认知重评。可见,个体在刺激强度不同时情绪调节策略的选择不会因年龄阶段而出现差异,说明个体策略选择存在相似性:当负性情绪刺激唤醒度较低时,个体更倾向于选择认知重评。

二、注意分散和认知重评对负性情绪的影响

根据 Gross 提出的情绪调节过程中 5 种情绪调节策略的划分,注意分散和认知重评都是属于先行关注策略(Antecedent - focused strategies),其中,注意分散指注意力集中于情境的不同方面或是从情境中转移注意力,可能还包括当个体出现与不良情绪状态不一致的想法或是记忆时,改变个体内在关注的焦点,而认知重评是指改变原有的对情绪事件的评价而产生新的评价以调节情绪的策略。

注意分散和认知重评的实验研究主要有以下 3 种情况。

(1)在情绪诱发事件(The emotion triggering event,ETE)之前的预备调节,即在情绪诱发之前通过指导语告知被试应该采用何种情绪调节策略以及如何使用,进而测量主观消极情绪等结果变量。比如,有学者在比较注意分散和认知重评神经机制的研究中发现,注意分散和认知重评都能显著降低主观消极情绪,两种策略差异显著,且认知重评能更多地降低被试的主观消极情绪。

(2)在 ETE 结束之后进行情绪调节。一项对愤怒调节效应的研究表明,通过回忆愤怒的事件来诱导愤怒情绪之后,让被试接受实验处理,即沉思、注意分散、认知重评或自主调节。结果发现,注意分散和认知重评都能降低愤怒情绪,其中,注意分散导致了愤怒体验的快速降低,而认知重评则促进了被试对诱发愤怒情绪事件的记忆。

(3)在线调节(Online regulation),即在情绪诱发刺激呈现之后或者是几乎同时采用情绪调节策略进行调节。在 Kanske 等人的研究中,在情绪诱发刺激(积极、消极以及中性图片)呈现 1000 ms 之后分别进行注意分散、认知重评,最后评定主观情绪状态,结果显示,注意分散和认知重评都能降低包括积极和消极在内的主观情绪水平。然而,在 ETE 持续发展的不同时间段采用注意分散和认知重评调节悲伤情绪的研究得出了不同的结论。在早期,注意分散和认知重评具有同样的降低主观消极体验的效果;而在晚期,认知重评就没有注意分散来得有效。Sheppes 等人据此得出,在 ETE 持续发展阶段存在某个时间点,即情绪发展到某种程度后,认知重评是无效的。

（一）注意分散能够降低主观消极情绪

在 Sheppes 等人的研究中，通过电影片段诱发悲伤情绪，电影按照诱发情绪事件发生的不同进程分为 3 段，通过操纵指导语先后出现的时间顺序来实现对情绪调节策略采用的不同时间点的划分，分为提前（在电影开始之前）、早期（在电影播放的第 1 个片段和第 2 个片段的交界点）、晚期（在电影播放的第 2 个片段和第 3 个片段的交界点）3 个时间点。随机将被试分为 3 组，实验组（注意分散、认知重评）和控制组。在所有被试看完电影后测量其主观情绪体验和记忆测验（对所观看电影内容的再认）。结果表明，情绪调节策略的主效应显著。与控制组相比，注意分散组在不同时间点调节情绪的条件下所测得的主观消极情绪都降低了，而比较同为注意分散条件下，情绪调节不同时间点的结果表明，注意分散在提前、早期和晚期 3 种条件下所测得的主观消极情绪水平没有显著差异。然而，针对同一时间长度的电影片段，不同时间点采用情绪调节策略，即便是同一种调节策略，也增加了两种额外因素，即情绪调节之前情绪积累的时间和之后进行情绪调节的时间，这在一定程度上影响了结论的可靠性。因此，在随后的实验中，研究者控制了未调节情绪的积累时间和情绪调节的时间，也从统计角度论证了电影的长度对结果没有显著影响。进一步的结果依旧支持原结论，也就是说，不论 ETE 进展到什么时候，采用注意分散策略始终能降低主观消极情绪（闵洋璐 等，2015）。

（二）认知重评在晚期增强主观消极情绪

比较不同时间段采用认知重评策略，提前和早期采用认知重评策略降低主观消极情绪水平相似，而晚期认知重评比早期认知重评所测得的主观消极情绪水平要高。在控制了调节之前情绪的积累时间和情绪调节的时间后发现，与早期采用认知重评策略相比，晚期采用认知重评策略增强了主观消极情绪，尤其是在调节情绪的时间较短的情况下。另外，当采用认知重评策略调节情绪一段时间之后，随着情绪调节时间的延长，晚期采用策略所导致的消极影响能够在一定程度上得到弥补。而在同一时间段比较不同的情绪调节策略表明，早期阶段注意分散和认知重评都能有效降低主观消极情绪，且不存在显著性差异；而在晚期阶段，认知重评不像注意分散那样能够有效降低主观消极情绪。这一点从对愤怒情绪的调节效应的研究中也得到了证实，在情绪诱发之后进行情绪调节，可以理解为是晚期阶段，认知重评没有注意分散来得有效。

三、情绪调节动态系统理论的解释

Fridja 认为情绪是一个复杂的、多成分、多阶段的过程。Hoeksma 等人提出了由输入系统(情绪诱发事件)、状态系统(情绪系统)和控制系统(调节系统)3 个动态系统组成的情绪调节模型,并认为情绪及其调节是持续动态改变且时刻变化着的系统。依据该理论,Sheppes 等人指出,情绪调节的目标就是通过改变输入来迫使情绪系统改变,这一改变则是由控制过程改变 ETE 来实现的,如果控制过程改变及时,改变系统输入就能够改变情绪系统状态。如果该过程没有被及时阻止,那么情绪系统很有可能继续进行。尤其是当情绪已经产生并发展到一定程度后,情绪调节就很难起作用,也就是说情绪调节过程的有效性依赖于情绪系统发展的水平,包括在此过程中形成的认知模式。在情绪发展过程中,注意分散和认知重评之所以降低主观消极情绪具有不同的时间效应,就是因为两者在输入系统 ETE 发展过程中,情绪系统和控制系统的力量在两种情况下不断发生变化,表现出不同的相对优势。不管是在早期还是晚期,注意分散并不需要克服先前已经形成的认知模式,它仅仅需要平行地增加其他无关的中性想法来冲淡 ETE 的带有强烈情绪色彩的心理表征。这一特点也使得注意分散始终有效。与此形成对比的是,认知重评需要关注 ETE,个体必须去克服已经形成的认知模式,使之转变为中性的。在早期,认知重评要去克服的认知模式还没来得及形成;而在晚期,认知重评需要转变的认知模式的稳健性很强,通过控制系统来调节情绪就显得困难多了。这也是为何处于强烈情绪状态的人无法以理相服的关键所在。我们也可以据此推测,情绪系统是控制系统发挥作用的前提,然而这一理论有待进一步研究论证。

四、认知重评与注意分散对记忆的影响

在线情绪调节中,采用注意分散调节情绪之后会降低 ETE 的记忆水平,而认知重评没有这种影响;然而,采用认知重评调节情绪之后会损耗自我控制资源,也就是说,认知重评会影响接下来的认知操作,特别是当后续任务需要耗费大量的认知资源时。

(一)注意分散降低 ETE 的记忆水平

与认知重评相比,注意分散会降低对有关 ETE 的记忆。特别地,在 Sheppes 等人的研究中,不管注意分散是在 ETE 之前采用,还是在 ETE 的早期或是晚期采用,都降低了对 ETE 的记忆。换句话说,注意分散,一经采用,就会减弱在情绪调节阶

段产生的ETE记忆。一方面,注意分散是从长时记忆中调取中性内容来稀释工作记忆中带有情感色彩的内容,这种中性内容加载了工作记忆的负荷,使得对情绪情境的编码受到阻碍,影响了后续对情绪情境的回忆,这必然限制了对情绪情境的记忆,但是这并不会消耗自我控制资源,因为这一过程并没有直接对抗或者是依赖于该情绪情境内容。另一方面,注意分散比认知重评在更大程度上降低了杏仁核的激活,而杏仁核活性被认为是一种信号,能够提供环境中的刺激在何种程度上被探测,是需要进一步地加工,还是对刺激进行注意,为自动反应作准备,或者是为形成记忆加强编码。由此,我们也可以做出相应推断。总的说来,注意分散会导致对有关ETE记忆水平的降低,这与"在与编码有关的因素,如注意和复述被控制的情况下,情绪刺激也更可能在后来被提取"相左,可能是因为对于情绪和记忆的目标刺激和环境刺激的选取不同,而认知重评不但不会降低ETE的记忆水平,反而在一些情况下,提高了与情绪有关事件的记忆。

(二)认知重评更消耗自我控制资源

情绪调节本身就会消耗一定的心理资源,也就是说,当个体采用情绪调节策略时,留给信息编码、输入、转换等认知活动的资源就会减少,从而损害伴随的认知加工。以往有研究采用不同的程序和测量手段表明,认知重评没有认知成本,即不损耗认知资源,或与表达抑制相比,消耗更少的认知资源。然而大部分研究都是在诱发情绪之前采用认知重评策略的,而Sheppes等人的研究却得出了相反的结果。他们以46名本科生为被试,随机分成两组,先用电影片段诱导悲伤情绪,然后在悲伤情绪诱导到一定程度时,让被试想些与电影内容无关的中性内容(注意分散)或让被试以一种中性分析的客观的态度评价电影内容(认知重评),在看完电影后评定情绪等级,之后进行Stroop词色干扰测验,最后对ETE进行突击记忆测验。结果表明,注意分散与认知重评相比,Stroop效应差异显著,且后者效应更明显。研究者认为,一方面,认知重评需要对情绪情境进行注意,这有利于对其进行记忆;另一方面,认知重评不仅需要阻止或者推翻原有的对情绪情境的解释,还要使之转变成中性的,这就需要一定的自我控制。根据自我消耗理论(The ego depletion theory),所有自我控制操作,即使看上去不同类型的认知操作,都依赖于同样有限的自我控制资源。正因为认知重评已经消耗了大量的自我控制资源,才会造成之后被试在Stroop任务中表现变差,从而导致Stroop效应更加显著。

五、中枢神经机制的支持性证据

FMRI 研究已经表明，两种策略都依赖于执行认知控制的前额叶和能调节情绪反应的边缘系统的相互作用。最新研究证实了两者在神经机制方面既存在共性也存在差异。比如，激活包括杏仁核的情绪加工有关的脑区，两者都会降低杏仁核的激活水平，增强额叶皮层和前扣带回的激活水平。但是，注意分散和认知重评又涉及不同的神经系统，比如，注意分散导致了更多的杏仁核激活水平的降低，增强了与选择注意有关的前额皮层和顶叶区域的激活水平，这为注意分散成功实现从 ETE 转移到其他无关事件从而降低对 ETE 记忆提供了支持性证据；而认知重评增强了与情绪意义加工有关的内侧前额叶皮层、前颞叶皮层的激活水平，情绪意义加工必然依赖于对 ETE 本身及其意义的关注，并且为实现对 ETE 的意义重评消耗自我控制资源提供了支持性证据。

六、注意分散和认知重评的适用条件

注意分散和认知重评在降低主观消极情绪以及消耗认知资源方面存在差异，注意分散和认知重评调节情绪没有绝对优势，在不同的条件下，两者具有不同的优势。

（一）情绪发展水平的影响

对于特定的情绪类型（如悲伤情绪），在情绪产生的早期阶段，注意分散和认知重评都能降低主观消极情绪，而在晚期阶段，注意分散比认知重评更加有效。这一点提示我们，情绪系统发展到一定阶段会对情绪调节的努力带来挑战，当然并非完全排除了情绪调节的可能，似乎后期的长时间的持续调节至少部分证明能够有效降低消极情绪。因此，注意分散可以作为短时间降低情绪压力反应的有效干预策略，这一点有利于对情绪调节障碍的病人进行心理治疗，比如边缘型人格障碍或者双相抑郁。但是，对于低强度的持久性情绪而言，认知重评更具有长久的意义。这一点与以往研究结果是一致的，即面对高强度的消极情绪，个体与认知重评相比，个体更倾向于选择注意分散的调节策略；反之，面对低强度的消极情绪，个体更倾向于采用认知重评的调节策略。

（二）情绪刺激目标相关性的影响

注意分散和认知重评对认知资源的影响表现出功能性分离这一特点对于个体

来说采用情绪调节策略的选择也提供了指导。注意分散会导致个体对 ETE 的记忆受损，消耗较少的认知资源；而认知重评有助于增强对 ETE 的记忆，消耗更多的自我控制资源，影响后续认知操作。因此，采用注意分散还是认知重评来调节情绪就必须考虑记忆情绪刺激以及后续认知操作对于个体的重要性及意义。也就是 Levine 和 Edelstein 提出的情绪刺激的目标相关性（goal relevance），即可以增加或减少实现目标的可能性或改变目标的重要性的情绪事件的特征。如果情绪刺激目标相关性更高并且之后的认知任务不需要耗费太多认知资源时，那么选择认知重评更合适；如果情绪刺激目标相关性更低，或者完成后续的认知操作对个体具有更大价值时，那么可能选择注意分散更加有效。从宏观角度来看，情绪调节策略的适用性可能与 Larson 和 Steuer 所强调的“情绪刺激对于生存和进化适应的重要性”的动机也存在一定程度上的相关性。

第五节　认知重评的测量

认知重评的测量方式有问卷测量法和实验法。问卷法包括情绪调节量表（Emotion Regulation Questionnaire，ERQ）和认知情绪调节策略。认知情绪调节问卷中文版（Cognitive Emotion Regulation Questionnaire – Chinese，CERQ – C）由朱熊兆等人（2007）进行了修订，该问卷共 9 个维度，包含了 9 种情绪调节策略或应对方式，旨在测量个体遭受负面生活事件后采用的情况（朱熊兆 等，2007）。实验法是在实验室情境下，指导被试观看引起消极情绪的电影，让被试采用重评策略进行情绪调节，并对其主观情绪体验、生理反应或脑电进行测量，以检测认知重评策略的情绪调节效果。

一、情绪调节量表

情绪调节量表是由 Gross（2002）编制的，包括 10 个项目，7 点计分，得分越高，表明情绪调节策略的使用频率越高。该量表有两个维度，分别是认知重评和表达抑制。其中，6 个题目反映认知重评，4 个题目反映表达抑制。该量表的中文版信效度良好。认知重评维度的重测信度和内部一致性信度系数分别为 0.82 和 0.85，表达抑制维度的重测信度和内部一致性信度分别为 0.79 和 0.77（王力 等，2007）。

情绪调节能力测量最常用的量表为情绪调节困难量表（Difficulties in Emotion

Regulation Scale,简称 DERS),Moore 等人对情绪调节能力的测量方法进行了系统综述。情绪调节困难量表是由 Gratz 等人编制,主要测量个体情绪调节能力以及其存在的异常问题,涉及情绪调节策略有效使用、目标指向性行为、情绪冲动控制、接纳情绪反应、情绪觉知、情绪清晰度 6 个维度,量表共计 36 个题项,1 表示几乎从不,5 表示总是这样,共 5 点计分。王力等人对情绪调节困难量表进行了中文版的修订。结果表明,该量表中文版的内部一致性信度较高(α =0.93),同时 6 个分量表的内部一致性系数介于 0.8 ~0.88,达到心理测量学的要求。此外,该量表中文版的重测信度为 0.86,表现出较好的结构效度,适用于中国青少年。简版情绪调节困难量表在原版的基础上进行修订,中文版 DERS -16 由王国猛等人(2021)翻译修订,并在中国大学生群体中进行了信效度检验。量表共 16 个项目,采用 5 点计分,1 表示“几乎从不”,5 表示“几乎总是”。该量表由情绪调节策略有效使用、目标指向性行为、情绪冲动控制、接纳情绪反应、情绪清晰度 5 个维度组成,均为正向计分,总分越高情绪调节困难程度越高,即情绪调节能力越低。

Gross 等人的情绪调节量表被广泛用于对认知重评策略和表达抑制策略的使用的测量。结果发现,认知重评的经常使用与正面的心理社会效果相关,如个体会拥有更好的人际关系、更高的幸福感(Gross et al. ,2003)。认知重评属于积极的调节策略,其对个体的情绪体验的调控作用远大于对表达抑制策略的,它会产生积极的效果,而积极的效果带来的快感则会使个人的内在心理资源得到进一步开发,从而促进个人的生活满意度和精神健康(陈琴 等,2014),而常用表达抑制与消极的结果相关,如个体会有较低水平的社会支持和亲密关系。而且,与那些习惯运用认知重评的人相比,采用表达抑制的人社会支持较弱(Gross,2002)。Bonanno研究表明,表达抑制能够帮助个体有效地处理负面情绪,应对极端负性事件。Pauwetal 研究发现,在高感知社会支持的情境下,表达抑制与更好的情绪结果相关,这也意味着情境的重要性。Chenetal 认为,抑制情绪的能力对长期幸福至关重要。

近年来,张少华等人(2020)针对 ERQ 仅有两种策略、未考察情绪效价、未提供情境信息等局限性,编制了《大学生日常情绪调节问卷》,并在此基础上加入了认知沉浸策略和表达宣泄策略。认知沉浸指的是个体对自己的情绪、原因和可能后果进行持续思考,以调节自己的情绪。表达宣泄是指个体通过外部行为将内心的情绪体验展现出来,进而达到调节情绪的目的。其中,认知重评和表达抑制是减弱调节的策略,而认知沉浸和表达宣泄是增强调节的策略。与之相关的研究较少,张少华等人研究发现,随着青少年抑郁程度的增加,对适应性调节策略(如认知重评）的使用逐渐减少，而对非适应性调节策略（如认知沉浸和表达抑制）的使用逐渐增加。

二、认知控制容量测量

认知控制容量（Cognitive Control Capacity，简称 CCC）是指单位时间内认知控制系统能准确处理的最大信息量（即最大信息率，单位为 bps）。人脑必须通过调用自己的认知资源来达到自己的目的，而这种资源的使用是有限的，人脑在单位时间里能够处理的最大信息量就是认知控制能力。Wu 等人在认知控制信息论的基础上，提出了对个体的认知控制能力进行量化描述的认知控制容量概念，并设计了多项函数任务来测量个体的认知控制容量。此范式在多项认知控制研究中得到了应用，是十分可靠的。认知控制容量的计算方式如下：认知控制的信息论认为信息的不确定性可以用信息熵来表示，以比特为单位，信息率是单位时间内所能传输信息的平均数量。范式是用操纵信息率来对认知控制能力进行挑战的，程序会对被试的准确率和反应时进行记录，在试次中，信息量通过曝光时间的减少和箭头一致性的减少而增加，若信息量超过了认知控制的处理能力，那么准确率就会降低。在此基础上，构建认知控制容量和准确率的运算关系的数学模型，并利用模型拟合法，以正确率为依据，来计算个体的认知控制容量。

第五章　认知控制的干预训练

第一节　原因调节和反应调节

一、原因调节和反应调节消耗了不同维度的注意资源

孟迎芳(2012)研究指出,原因调节和反应调节可能消耗了不同维度的注意资源,原因调节消耗了与认知操作相关的注意资源,反应调节消耗了与动作操作相关的注意资源。不同的情绪调节方式对认知的影响也不同:增强型原因调节(评价重视)与减弱型反应调节(表情抑制)消耗更多的认知资源,会影响后续认知任务的完成水平;减弱型原因调节(评价忽视)与增强型反应调节(表情宣泄)只需消耗较少的认知资源,不会影响后续认知任务的完成水平。建议对认知层面的任务,选用反应调节策略,尤其是表情宣泄来调节负性情绪;对动作层面的任务,选用原因调节策略,尤其是评价忽视来调节负性情绪。

二、反应调节消耗了与动作操作相关的注意资源

反应调节主要是对情绪反应的行为表达施加影响,反应抑制也叫行为抑制,主要是在肌肉动作层面上进行抑制。那么,反应调节和反应抑制同属于与反应相关的操作,它们共同消耗反应维度的注意资源。注意以资源分配理论为基础,注意资源总量有限,当一方面占用较多资源时,另一方面分配到的资源会减少,从而影响该任务的完成绩效。所以,对反应抑制力来说,当反应调节占用了一定量的注意资源时,必会影响反应抑制可利用的资源,使反应抑制的表现受到影响,而原因调节占用的是另一维度的注意资源,对其影响不大,所以评价重视组和评价忽视组在反应抑制力上没有明显下降(孟迎芳,2012)。

对同属于反应调节的两种策略来说,表情抑制组的反应抑制力明显下降,而表情宣泄组没有明显下降。这可能说明,减弱型反应调节(表情抑制)耗费了较多注意资源,而增强型反应调节(表情宣泄)消耗的注意资源较少(消耗的资源与原因调节没有差异)。表达宣泄属于增强型的反应调节。

三、原因调节消耗了与认知操作相关的注意资源

无论在有意情绪调节还是自动情绪调节中,4 种不同的策略都消耗了不同的认知资源,这里的“不同”既指消耗不同维度的资源,也指认知资源的消耗量不同。具体来说,表情抑制耗费了较多的注意资源,而表情宣泄消耗的注意资源较少;评价重视耗费了较多的注意资源,评价忽视消耗的注意资源较少。

对同属于原因调节的两种策略来说,重视组的反应抑制力明显下降,而忽视组的没有明显下降,这在自动情绪调节中尤其明显,可能说明,增强型原因调节(评价重视)耗费了较多注意资源,而减弱型原因调节(评价忽视)消耗的注意资源较少。评价重视虽然属于原因调节,产生于情绪发生之前,但它使注意力集中到与消极情绪刺激相关的评价上,把自己与负性情绪刺激联系起来,这可能让人们的思维陷入消极的恶性循环中,比如导致个体不断回忆更多更消极的情节,而个体早期经历过的一些负性情绪事件或创伤事件,则会加剧当前情境中的负性情绪刺激,这个过程可能比其他策略占用更多的认知资源。由于评价重视与沉思在内涵上的相似性,一些关于抑郁症与沉思的研究可以提供一定的佐证。如 Robinson 等(2003)对被试进行了多年的追踪研究,发现当本身就有消极认知方式的个体被诱发了负性情绪时,又使用沉思或评价重视调节的话,他们产生重症抑郁的可能性更大,发生次数多而且持续时间长。沉思影响抑郁形成的内在机制可能是沉思使注意力集中到与心境相关的消极记忆网络上,使这些记忆更容易被回忆。而提取记忆的过程明显要消耗认知资源,所以增强型的原因调节(评价重视)在情绪发生的过程中,持续地回忆负性情绪刺激并与自身联系起来,这个过程消耗了更多的认知资源,从而影响了冲突抑制任务表现。

原因调节主要是从认知上改变对情绪事件的理解,冲突抑制也叫认知抑制,主要是将干扰信息排除在工作记忆之外。那么,原因调节和冲突抑制同属于与认知相关的操作,它们共同消耗认知维度的注意资源。所以,对冲突抑制来说,当原因调节占用了一定量的注意资源时,必会影响冲突抑制可利用的资源,使冲突抑制的表现受到影响;而反应调节占用的是另一维度的注意资源,对其影响不大,所以表

情宣泄组和表情抑制组在冲突抑制力上没有明显下降。

因此,对有意识情绪调节和自动情绪调节而言,不同的情绪调节策略会消耗不同的认知资源,对认知任务产生不同的影响。这里不仅是量上的不同,也包括注意资源的不同维度。

第二节　工作记忆训练与抑制训练

目前,情绪调节训练主要有两种方法:一种是直接提高训练策略的调节效果,进而增强情绪调节能力,促进心理健康;另一种是通过训练认知控制间接提升情绪调节能力。

第一种方法主要针对两个情绪调节的阶段,即早期注意控制(注意部署)和后期认知加工阶段,具体干预方法包括了注意偏向训练、认知重评训练。有研究使用注意偏向矫正训练个体远离威胁性信息,有效缓解社交焦虑症状。Kivity(2016)采用微干预的方法训练个体使用积极的认知重评策略,基于7天的事件取样测量结果发现训练降低了被试的社交焦虑水平。

第二种方法基于情绪调节背后的认知控制过程,主要训练个体的选择注意、工作记忆和反应抑制3个方面。Cohen等人认为影响训练效果的因素包括参与的情绪调节神经网络、训练的难度设置等。情绪调节监控是一个灵活调整策略的过程,强调要根据情绪情境的需要选择合适的策略。因此,直接训练个体某种调节策略可能导致策略使用过于僵化,而基于执行功能的间接训练对情绪调节监控有更好的干预效果。

目前,已有研究针对不同群体(注意力缺陷儿童、抑郁个体、轻微认知障碍的老年人)执行功能的几个子成分进行了训练。认知控制的训练效果包括近迁移和远迁移效应两类:为了评估训练的近迁移效应,一般使用测量同一概念但具体要求不同的任务,比如,研究者采用 n - back 任务测量活动记忆训练的效果,因其二者测量的都是工作记忆刷新能力;评估训练的远迁移效应,比如检验工作记忆训练是否促进情绪调节,则根据特定研究选择合适的任务。

一、工作记忆训练

记忆训练:第一,不训练特定的记忆策略;第二,训练应该关注工作记忆任务本身;第三,严格设置训练进程(20 天左右,每次持续 30 分钟左右)和适应性的训练难度。因此工作记忆训练一般在电脑上进行,不仅可以自动调节任务难度水平,最大限度地接近练习者的工作记忆容量极限,而且可以不受时间和地点的限制。研究表明,工作记忆训练能提升工作记忆、流体智力、抑制、注意等认知能力,体现在行为学结果上。此外,训练组个体在大脑额 - 顶区域激活上表现出减弱、增强、重排的不同形式,可能说明训练提高了大脑工作效能,体现了大脑的功能可塑性。目前针对情绪调节监控阶段的训练较少,主要涉及的执行功能训练针对的是情绪调节执行与适应性策略的使用过程。

对于高特质焦虑或出现抑郁症状的个体,较差的工作记忆能力与情绪调节困难往往同时出现,他们在接受工作记忆训练后情绪调节能力得到了改善。周仁来的研究通过活动记忆任务训练抑郁大学生的刷新能力,结果表明抑郁训练组情绪调节能力得到了提高,体现在后测情绪调节任务的心率变异性水平接近正常个体的水平,与抑郁对照组的水平有显著性差异。训练程序使用自适应的工作记忆任务,记忆材料包括数字、位置和动物 3 类,对于个体的刷新能力和情绪调节能力都有训练效果。李雪冰(2020)设计了以情绪面孔作为干扰刺激的情绪工作记忆训练,研究发现,一般工作记忆训练与情绪工作记忆训练都促进了高焦虑个体的外显情绪调节,即认知重评的调节效果,但只有情绪工作记忆训练增强了内隐情绪调节。该结果表明,加入情绪材料或许有利于执行功能训练效果在情绪调节上的迁移。刷新主要包括的认知过程有:保持对外部信息开放、主动选择获取外界输入的信息、以更新后的目标相关信息替代与当下目标无关的信息。Schmeichel 认为刷新能力对认知重评的影响主要在于激活工作记忆中的积极信息,打破已经建立的负面表征,并以更新的积极内容修复先前的糟糕情绪。

二、抑制训练

抑制训练可以提升使用认知重评的频率和效果。Cohen 和 Mor(2014)采用 Flanker 任务作为抑制控制的激发材料,训练任务由不一致或一致条件下的 Flanker 任务、负性或中性效价的情绪图片和认知区分任务组成,由于在不一致 Flanker 条件下出现了更多的负性图片,个体抑制负性刺激干扰的能力得到了训练。研究发现,抑制训练后个体回忆负性事件时较少陷入反刍思维,更多使用认知重评且调节效果更好。在此基础上,Cohen 使用 FMRI 技术发现持续 6 天的训练降低了个体面对厌恶图片时杏仁核的反应,增强了杏仁核与前额叶的连接性。为了探究抑制训练提高情绪调节背后的神经机制，Berkman 使用停止信号任务进行为期 3 周的训练。研究发现，被试在左侧额下回和缘上回的激活减弱，这一特定的激活模式说明训练增强了情绪调节的动机，表现为从“必须做”向“想要做”的转化。Cohen 认为，抑制训练的效果可能是借助建立抑制控制与负性情绪刺激之间的联系实现的。

第三节　负性情绪粒度的训练

一、情绪粒度的定义

情绪粒度（emotional granularity）也称情绪分化（emotion differentiation），是指个体在相似情绪状态之间做出粒度化细微区分的能力。根据区分情绪的效价，情绪粒度可分为正性情绪粒度（positive emotional granularity）和负性情绪粒度（negative emotional granularity）。个体能够细腻地区分相似的情绪体验，特别是负性情绪体验，对其身心健康具有重要意义。

高负性情绪粒度与个体适应不良行为的减少相关，如攻击行为、酗酒以及自伤等。高负性情绪粒度也与更高的主观幸福感、自尊、心理弹性以及个体更理智的决策行为相关。O'Toole 等人的一项元分析发现，正性情绪粒度与个体的适应性行为的相关性较弱。不难发现，相比于正性情绪粒度，负性情绪粒度对个体的身心健康有更为广泛和深刻的影响。

二、负性情绪粒度的积极影响

情绪粒度是健康心理功能的基石之一，相比于正性情绪粒度，负性情绪粒度被证实在提高个体幸福感，降低抑郁、焦虑等心理病理学症状方面有更为突出的作用。

（一）负性情绪粒度促进个体适应性情绪调节

负性情绪粒度有利于个体理解情绪，并进一步开展适应性情绪调节。实证研究也发现，高负性情绪粒度能促进个体采取适应性情绪调节策略，减少适应性不良情绪调节策略的使用，并在情绪调节策略的有效性上表现出优势。首先，负性情绪粒度可以减少反刍、回避等适应不良情绪调节策略的使用。Starr 等人进行了两项生态瞬时评估研究，发现高负性情绪粒度可以缓冲大学生和退伍军人在面对负性生活事件时的抑郁症状，而反刍思维则与负性情绪的增加有关。Liu 等人的一项纵向研究表明，负性情绪粒度调节反刍思维与抑郁症状的关系。在为期 1 周的体验采样期间，高负性情绪粒度个体较少采用了反刍思维，从而降低了抑郁的风险。由此可见，高负性情绪粒度的个体较少沉溺于负性情绪中，其抑郁水平较低。负性情绪粒度还可以减少个体采用回避策略调节负性情绪。O' Toole 等人进一步探究了具体的情绪调节策略，相比于低负性情绪粒度个体，高负性情绪粒度个体更多地采用了认知重评、接受等适应性情绪调节策略来调节情绪。

（二）负性情绪粒度促进情绪调节策略的有效性

负性情绪粒度促进情绪调节策略的有效性，改善负性情绪以及维持正性情绪是幸福感的重要来源，也是评价情绪调节策略有效性的标准。Kalokerinos 等采用体验采样法验证负性情绪粒度对情绪调节有效性的影响，在 1 年之内，对近 200 名大学生进行了 3 次体验采样，发现负性情绪粒度调节了情绪调节策略的有效性。具体表现为低负性情绪粒度个体在执行认知重评和社会分享策略下调负性情绪时反而增强了负性情绪，表现出情绪调节策略的失效；而高负性情绪粒度个体在执行情绪调节策略时，负性情绪得到了显著下调。此外，也有研究者聚焦于情绪粒度对具体情绪调节策略有效性的探讨（如情绪标签）。情绪标签作为一种内隐的情绪调节策略，相比于模糊地进行标签，个体精细地区分负性情绪后进行标签得到了更大程度的负性情绪下调效果，表现出更强的情绪标签有效性。情绪的概念行为理论（the conceptual act theory of emotion, CAT）认为，在给定情境中，当个体利用自己的情绪性概念知识（concept knowledge）对核心情感状态（core aflect）进行分类之后，就会产生某种情绪体验。该理论认为，高情绪粒度个体存储了更为丰富的情绪性概念知识，且具备更强的情绪性概念知识运用能力，从而解释了面对负性情境时，高负性情绪粒度个体在情绪调节策略选择性和有效性上表现出的优越性。

（三）负性情绪粒度有利于维持情绪稳定

负性情绪粒度能通过情绪调节策略的选择性和有效性维持情绪稳定，进而促进个体身心健康；在社会层面上，负性情绪粒度也与人际情绪技能有着紧密的联系，这对个体的身心健康亦有重要意义。缺乏良好人际情绪技能的个体在社会互动过程中更易受情绪问题的困扰，正确推断他人的情绪也是社会生活中重要的组成部分。Erbas 等人首次将负性情绪粒度的研究引入人际互动领域，考察了其与共情准确性的关系。共情的准确性是指个体准确判断或“读懂”他人感受的能力，属于共情的认知成分。Erbas 等人对 50 对情侣进行 1 周的体验采样，研究发现对自身情绪体验（尤其是负性情绪）的精准理解也促进了对他人情绪的理解。具体来说，在平衡性别差异后，负性情绪粒度更高的个体在日常生活中能更准确地读懂其伴侣的情绪体验。Israelashvili 等人则在大学生群体中探讨了负性情绪粒度与情绪识别的关系，发现在控制了言语智力后，相较于低负性情绪粒度个体，高负性情绪粒度个体对面孔图片、身体图片以及眼睛图片所诱发的情绪均能完成更准确地识别。这些非言语情绪信息也是社会交往过程中的重要工具。

此外，负性情绪粒度也能减少个体对他人进行道德判断时的偏见。接受过负性情绪粒度训练的个体（负性情绪粒度得到短暂提升）在进行道德判断时更少受到厌恶情绪的影响，作出了更为理性的道德判断；而低负性情绪粒度个体则更易受偶然信息的影响，对他人进行更为严厉的道德判断。虽然负性情绪粒度在人际情绪技能上的作用得到了一些实证研究的支持，但其在社会互动领域的研究还处于新兴阶段，还需要进一步获得理论和实证研究的支持。

（四）负性情绪粒度促进个体的社会适应

除了维持个体短期的情绪稳定，负性情绪粒度对于个体长期的社会适应亦有重要意义，具体表现为高负性情绪粒度可以缓解由负性情绪引起的不良反应，减少个体产生内化问题和外化问题的可能性。例如，Nook 等人的一项纵向研究发现，高负性情绪粒度减弱了压力水平与抑郁、焦虑的关系，降低了内化问题出现的可能性。高负性情绪粒度减弱了个体面对社会压力时的焦虑症状，而低负性情绪粒度个体面对高强度的负性情绪时则表现出更强的抑郁、焦虑症状等。Anand 等人对 213 名接受常规治疗后的药物滥用患者进行了为期 1 年的随访（每隔 3 个月），发现高负性情绪粒度个体在面对压力情境时药物滥用复发的风险较低。在非临床群体中，面对高强度的负性情绪刺激，相比于低负性情绪粒度的大学生，高负性情绪粒度的大学生减少了酗酒、攻击等外化行为。情绪信息理论指出，负性情绪状态反映了个体的生理唤醒与警觉水平，随着个体生理唤醒的产生与持续，负性情绪的信号作用越发凸显。在社会适应过程中，面对高强度的负性情境，负性情绪会提醒个体触发自上而下的控制过程以达成适应。高负性情绪粒度个体对于自身负性情绪有更强的洞察力，更易获得信息从而做出适应性行为，这可能解释了负性情绪粒度对个体内、外化问题的保护性作用。

综上所述，在认知层面上，负性情绪粒度可以通过个体情绪调节、人际情绪技能以及在社会适应过程中充当内、外化问题的保护性因子，对个体的身心健康产生作用。

三、负性情绪粒度干预训练的意义

精细区分的情绪体验能为个体提供更为丰富的信息，并促使其更好地分配注意力和认知资源。不同负性情绪粒度个体在处理情绪信息时的电生理活动模式存在差异。Lee 等人发现，与低负性情绪粒度个体相比，高负性情绪粒度个体在观看情绪图片时诱发了更高的 N2（通常代表早期注意力分配）和晚期 LPP 波幅（可以代表对刺激的精细加工程度），表明了更高的负性情绪粒度与更有效地处理情感刺激有关。除了对情绪刺激的简单加工，Wang 等人发现，高情绪粒度个体对情绪刺激进行认知重评诱发了更高的晚期 LPP 波幅。此外，Wang 等人静息态研究发现，高负性情绪粒度可以预测个体在静息状态下的神经振荡水平，例如左侧额叶的波偏侧化以及前额叶的慢波/快波比率。高负性情绪粒度个体有更高的 FFA 水平以及更低的 TBR 水平。

四、负性情绪粒度的干预实施

鉴于负性情绪粒度的积极效用，研究者将视角集中于培养和提升个体的负性情绪粒度上。目前关于负性情绪粒度的干预方案大致分为两类：致力于提升个体情绪性概念知识丰富性的情绪词汇干预训练，以及致力于提升个体情绪概念建构能力的正念干预训练。这两种干预技术均在实践过程中取得了一定成效（叶伟豪、于美琪等，2023）。

（一）基于情绪词汇的干预

个体情绪粒度基于情绪概念的发展，情绪特征的知识被称为情绪性概念知识，个体获得的这类信息越多，其情绪性概念知识就越丰富。高情绪粒度个体拥有更为丰富的情绪性概念知识，能将情境中的具体信息（例如行为和生理反应）与特定的情绪性概念知识相联系。相反，面对情绪情境，个体从概念层面上了解不同情绪的不同特征可能有利于内化这些情绪，并使个体更深刻地理解情绪状态之间的差异性和相似性。那么，丰富个体的情绪性概念知识能否提升个体的情绪粒度呢？

情绪粒度可以通过情绪词汇的干预训练获得提升。Brackett 等人通过课堂干预项目（psycho educational program）训练儿童的情绪粒度，并获得了一定成效。干预内容包括情绪图片的识别及确认、情绪词汇的理解及运用。在专业心理老师每周 1 次（2 小时）的干预下，2 个月后儿童的情绪粒度显著提高。Nook 等人发现，儿童的情绪粒度与情绪概念的发展轨迹存在较大重叠，这间接佐证了情绪概念的丰富性对情绪粒度的影响。此外，Matt 开发了一种针对情绪词汇学习的在线干预程序，其将 150 名被试随机分为干预组与控制组，干预组接受网络干预程序，对情绪词汇进行学习并回答相应的问题，并在 1 周和 2 个月后考察个体的负性情绪粒度水平和痛苦水平。结果表明，干预组的负性情绪粒度得到显著提升，且在 1 周后表现出更低的痛苦水平，然而该效果并不存在持续性。最后，Vedernikova 等人开展了更为系统的情绪词汇干预项目，其结合了对照组加前、后测的实验设计，综合比较了干预项目对个体内和个体间情绪粒度的影响。研究发现，情绪词汇干预有效提升了个体内的负性情绪粒度，在接受 2 周训练后，干预组（60 名）的负性情绪粒度得到了显著提升，而对照组（60 名）则无显著差异。并且相比于对照组，干预组整体的负性情绪粒度更高，表现出更高的个体间负性情绪粒度差异。

基于情绪词汇的干预训练虽然在形式上存在差异，但其核心在于丰富个体的情绪概念性知识。研究者认为，低负性情绪粒度的个体以粗糙、未分化的形式区分情绪体验，本质上是缺乏相应的情绪性概念知识。通过情绪词汇的训练，不仅可以扩充个体的情绪词汇储备，也有利于其对情绪概念的理解，突出相似情绪状态的差异性，进而促使个体精细地区分负性情绪体验。

情绪词汇是分类情绪体验的重要载体。Shaver 等人发现了三种基本的负性情绪：愤怒、恐惧和悲伤，并在此基础上，将其他离散情绪归类（例如担心、焦虑、紧张）。情绪词汇的学习可以减少个体在分类情绪体验时的认知负荷，从而提升个体的负性情绪粒度。总之，基于情绪词汇的干预训练较为简单、易于操作，且对于负性情绪粒度的短期提升具有较好效果。随着在线学习的兴起，Vedernikova 等人开发了线上干预程序，但还需对其有效性进行进一步验证，以充分发挥情绪词汇训练的“便携式”效应。

（二）负性情绪粒度的动态过程与干预

当前的大部分研究将负性情绪粒度视为稳定的特质变量，通常比较个体间负性情绪粒度差异对身心健康的影响，较多研究在探讨负性情绪粒度作用的过程中混淆了个体间和个体内的负性情绪粒度（负性情绪粒度的可变部分）。然而这难以解释相关问题，如个体何时或处于何种情境能更好地区分负性情绪，以及个体内负性情绪粒度的变化是否也能对个体的身心健康产生影响。为了探究这些问题，分离个体间情绪粒度和个体内情绪粒度便具有重要意义。依据动态情绪理论，个体的情绪粒度会随时间和情境的变化而变化，Erbas 等人验证了个体内负性情绪粒度的动态变化性，并且发现压力水平是重要影响因素，压力水平越高，个体内负性情绪粒度越低。此外，Lischetzke 等人从时间动态过程角度出发，探讨个体内负性情绪粒度对日常睡眠质量的影响，发现个体内负性情绪粒度能调节日常压力与睡眠质量的关系，个体内负性情绪粒度处于较高水平时缓冲了日常压力对晚间睡眠质量的影响。这些研究结果为探索负性情绪粒度的时间动态进程打开了大门。

五、正、负性情绪粒度的作用机制比较

基于 CAT 理论，高正性情绪粒度个体和高负性情绪粒度个体均存储了更为丰富的情绪性概念知识（正性、负性），但正性情绪粒度的积极效用似乎受到了限制。例如，O'Toole 等人元分析发现，正性情绪粒度与个体的适应性行为相关较弱。正性情绪粒度也仅在特定群体中对个体身心健康产生积极效用。例如，在边缘型人格障碍患者中，高正性情绪粒度与个体的症状减轻相关（Dixon - Gordonetal.，2014）。对于饮食失调患者的研究发现，负性情绪粒度和正性情绪粒度对其症状减轻产生不同结果。例如，Mikhail 等人的一项关于情绪性饮食的研究发现，低正性情绪粒度个体摄入了更多的卡路里，表现出暴食行为，而负性情绪粒度并没有调节该过程。可能的解释是，在正性情绪更为重要的情境中，正性情绪粒度能对个体身心健康表现出更强的效用。例如，在与获得奖赏相关的情境中，正性情绪粒度较高的个体有更强的内在动力。Selby 等人的研究发现，高正性情绪粒度降低了神经性厌食症患者的减肥行为，如呕吐、使用泻药和锻炼等。此外，正性情绪粒度越高的个体也表现出更强的认知重评能力。

第六章　改变认知的理性情绪疗法

第一节　Ellis ABC 理论

在现实生活中，个体更多的负性情绪是在情境能被选择或修正的情形下产生的，并且个体产生负面情绪最重要的原因是对事物不恰当的解释。正如常言所说："如果你被外界的事物所困扰，那么困扰你的是你对该事物的判断，而不是事物本身。"认知重评是一种积极有效的调节负性情绪的调节策略，通过短暂的指导性重评训练能够降低被试在焦虑维度上的主观评分。认知重评情绪调节策略是通过改变个体对情绪事件的理解和情绪事件对个体的影响来改变情绪体验，能较好地降低负性情绪。理性情绪疗法通过干预个体认知来影响情绪体验和行为反应。

一、什么是 ABC 理论

认知改变主要是指通过改变个体对事件的看法和信念从而改变情绪的方法。认知在情绪产生中起着重要的作用，其主要作用在于判断评估刺激物是否符合个体的需要，从而产生肯定的或否定的情绪。不同的认知对同一事物会产生不同的情绪结果，同一认知对不同的事物也会产生不同的情绪结果。认知会影响人的情绪。为此，如果需要对情绪进行调节，很重要的一个方法是调整个体对刺激物的认知评价。

在调节情绪、认知评价方面，理性情绪疗法（Rational Emotive Behavion Therapy，简写 RET），是美国心理学家 Ellis 20 世纪 50 年代创立并逐步发展成熟的一种心理疗法，基本观点是一切错误的思考方式或不合理信念，是心理障碍和行为问题产生的症结。

Ellis 认为，人生来便具有以合理信念对抗非合理信念的能力，但又常常被非合理信念所干扰。例如,认为“有价值的人必须在各方面都比别人强”“已经定下的事是无法改变的”“对不好的人应一律严惩”“人活着必须得到众人的注目和赞许”等。临床上和现实生活中常常有许多心理或情绪障碍的病人,正是因为被上述这些不合理信念支配其生活而产生异常。

Ellis 将其理性情绪理论归纳为 ABC 理论。ABC 理论认为,外界事件是中性的,不同的人有不同的信念系统或认识,因而会用不同的“自我说明”(self-statement)对中性事件做出合理或不合理的解释,进而产生不同的情绪或行为反应结果。合理情绪疗法强调个体的信念或看法(B)对结果(C)的因果影响关系。根据 ABC 理论,心理治疗学通过认知干预,指出信念或认知系统中的不合理方面,促使其放弃或改变原有的“自我说明”,从而达到矫正不良情绪反应的目标。

A(activating events)指诱发事件。它可以是现实的事件或预期将要出现的应激源。比如,自己被锁在门外;在一次测验中得了个“不及格”;对方的失约;没能获得自己渴望的提升;经历了生活中的不可避免的失败或沉重的打击等,都属于诱发事件。

除了当前事件外,A 也包括对过去事件的看法,例如被自己所爱的人拒绝的痛苦记忆,或被同伴羞辱的记忆。除了对过去情境的记忆外,A 还包括我们对未来、对预期可能发生的事件和情境的看法。例如,打算让老板给自己加薪,或在医院里等待注射疫苗。诱发事件是你记忆中的、当前体验到的或将要发生的令人担心的各种境遇的总称。

为什么 A 被称为诱发事件呢? 因为这些事件诱发、刺激并且唤醒了我们的思维、理性和非理性信念系统以及自言自语的述说。个体不断地产生内心对话或自言自语,这些自言自语几乎是自动进行的,没有太多的意识参与。这些自言自语,决定了我们对事件和情境做出各种各样的情绪反应。

B(beliefs)指个体对事件的看法解释及评价。B 是我们的信念和自言自语的述说,即对诱发事件或情境的自言自语的描述。信念和自言自语有两种主要的类型:一是理性的信念与自言自语,主要指自我救助性的、应对性的和适应性的述说,这些述说引发健康的情绪;二是非理性的信念与自言自语,它们是自我伤害的、自我挫败的、不适应的述说,这些述说导致不安的情绪。

非理性信念将导致焦虑、愤怒、抑郁以及情绪失控,而理性信念更多的是引发轻微的不安情绪,如担心、不快、烦恼或几分伤感等。另外,理性信念可以帮助我们克服困难,得到更多的我们想要的东西,并且获得更大的满足。理性信念和自言自语所使用的词语在情感色彩上通常是冷静的、温和的,而不是激烈的、反复无常的。

C(consequences)指由我们的信念和自言自语所引发的情绪和行为。情绪方面的结果既包括焦虑、愤怒、抑郁以及其他不愉快的情绪,也包括幸福和满足感等积极的愉快的情绪。行为方面的结果可能是积极的、自我救助的,也可能是消极的、自我伤害的、适应不良的。

Ellis 的人性观提出,人生来同时具有理性与非理性的特质,既有理性思考的潜能,也有非理性思考的倾向。当人们按照理性去思维、去行动时,就会产生积极的情绪,他们就会是愉快的、富有竞争精神且卓有成效的人;当人们运用非理性思考时,则会带来消极的情绪。人的困扰来源于本身的非理性思考,而非外在世界的事件。情绪是伴随着人们的思维而产生的。艾里斯认为,大多数人的思考似乎不合逻辑。人的坏情绪会带来坏的行为,人的好情绪会带来好的行为。人具有改变认知、情绪及行为过程的天赋能力。

我们的不安情绪主要源于我们的信念以及我们对事件和周围情境的自言自语的述说,而不是源于实际的事件与情境本身。理性情绪行为疗法中的 ABC 理论揭示了引发我们情绪的主要原因。

二、不合理信念

Ellis 提出人有 11 类不合理的信念:

(1)受到几乎所有的对我而言有重要意义的人的喜爱和认可,这是极其必要的。

(2)我必须是一个能力十足的、独当一面的人,在所有重要的方面都必须获得成功,那样才有价值。

(3)这个世界上的人必须公正而周全地做事,否则,他们就是坏的、邪恶的、可耻的或不可信的家伙,他们应该受到严厉的谴责与惩罚。

(4)如果事态的发展并不像我们渴望的那样,那将糟糕透顶。

(5)我对自己的焦虑、愤怒、抑郁和不快乐等束手无策,因为这些情绪是由发生在我身上的外部事件决定的。

(6)如果某件事情是危险的、可怕的,我就应该持续不断地因此而烦恼,并应该仔细地考虑此类事件发生的可能性。

(7)直面生活中的困难和承担起生活的责任较难,逃避现实较易。

(8)我对别人非常依赖,需要一个比我强的人做后盾,否则,我的生活会很难过。

(9)我过去的经历是引起现在情绪和行为的主要原因,曾经严重地影响着我的过去的那些事情将会永远地影响着我。

(10)如果我关心某人,那我就应该对他遇到的问题和烦恼感到焦虑、愤怒或抑郁。

(11)对所有的问题而言,几乎都有一个正确而完美的解决办法,如果找不到这样的办法就很糟糕。

Ellis 提出合理信念的实质是理性情绪治疗的关键,就在于对加工程序进行修改,打破原有的信息加工、处理模式,建立新的加工模式,来访者才会有改变。

Ellis 认为不合理信念具有基本的五个特点:不合理信念被事件激活并对信息加工的过程;往往在阈下进行;是自动发生;常不被人所察觉;常被认为是理所应当的,习惯成自然。

对于人们所持有的不合理信念,Wessler 等曾总结出下列三个特征:

一是绝对化要求,是指人们以自己的意愿为出发点,对某一事物怀有必定会发生或必定不会发生的信念。这种信念通常是与“必须”和“应该”这类词语联系在一起的。

二是过分概括化,是一种以偏概全、以一概十的不合理思维方式的表现。艾利斯曾说过:“过分概括化是不合逻辑的,就好像以一本书的封面判定整本书的好坏。”

三是糟糕至极,是一种认为如果一件不好的事发生将是非常可怕、非常糟糕、是一场灾难的想法。这种想法会导致个体陷入极端不良的情绪体验,如耻辱、自责、自罪、焦虑、悲观、抑郁等。

第二节　理性情绪行为治疗的 ABCDE 模型

理性情绪行为治疗就是要以理性治疗非理性,帮助来访者以合理的思维方式代替不合理的思维方式,以合理的信念代替不合理的信念,最大限度地减少不合理的信念给他们的情绪带来的不良影响,以改变认知为主的治疗方式来帮助来访者减少或消除他们已有的情绪障碍。

一、什么是 ABCDE 模型

理性情绪行为治疗分为三个基本步骤:第一步,引导来访者发现其思维方式、信念是不合理的,他们的情绪困扰之所以延续至今是不合理信念导致的;第二步,与不合理信念辩论;第三步,从改变常见的不合理信念入手。

在合理情绪治疗的整个过程中,与不合理信念辩论的方法一直是治疗者帮助来访者的主要方法。这一方法几乎不变地应用于每一个来访者,而其他方法则是视来访者情况而选用。因为辩论一词的英文字头是 D(disputing),治疗效果一词的英文字头是 E(effects),加入这两个字母,合理情绪治疗的整体性模型就成为 ABCDE 了(图 6-1)。

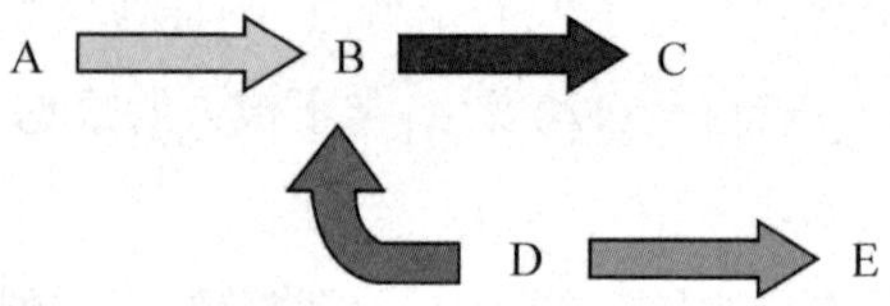

图 6-1 ABCDE 模型

其中,A 指诱发性事件;B 指由 A 引起的信念(对 A 的评价、解释等);C 指情绪和行为的后果;D 指与不合理的信念辩论;E 指通过治疗达到的新的情绪及行为的治疗效果(如图 6-1 所示)。

二、理性情绪行为治疗的基本步骤

如何觉察非理性信念和自言自语?有关于我自己,我正在自言自语些什么?关于别人,我正在自言自语些什么?关于那些不愉快的事件和情境,我正在自言自语些什么?

如何驳斥非理性信念和自言自语?这里主要包括“逻辑化的”驳斥问题、“以事实为根据的”驳斥问题、“实用的”驳斥问题、“替代的理性”驳斥问题。关于如何驳斥非理性信念和自言自语的具体操作如下:

(1)“逻辑化的”驳斥问题。

我对情境的信念和自言自语是合理的、明智的和合乎逻辑的吗?

如果其他人持有那些非理性信念和自言自语,在我看来它们合理吗?

一个理性和有逻辑性的人也会持有这种信念吗?

坚信事情一成不变,这合乎情理吗?

由于人际关系不好就认为自己或他人是一个“彻底失败”的人，这合乎逻辑吗？

(2)“以事实为根据的”驳斥问题。

我对事件的信念和自言自语是建立在现实事件和观察的基础之上的吗？

有什么证据表明我的信念和自言自语是正确的呢？

有什么证据支持那个信念呢？

什么地方写到我绝对应该事事随心所欲呢？

我为什么非得那样做呢？又有什么证据说明我必须那么做呢？

我为什么非得与众不同？为什么我必须轻松愉快地生活？为什么我必须得到想要的东西呢？

(3)“实用的”驳斥问题。

我对突发事件和情境的信念和自言自语对实现我的目标有帮助吗？

相信那种观点，有助于减轻我的抑郁吗？

那些自言自语的述说能否帮助我把工作做得更好？

能否让我更喜欢我的工作？

认为“生活必须是轻松愉快的，否则我将无法忍受”，这对实现目标有帮助吗？

那些信念的哪些方面控制着我？

就实现我的目标而言，那些信念起到了促进作用还是阻碍作用？

(4)“替代的理性”驳斥问题。

有没有其他更好的理性信念和自言自语呢？

“我的男朋友(或女朋友)没来看我”，或“我的男朋友(或女朋友)必须来看我，否则我将无法忍受”。在这两种观点中，你更喜欢或希望选择哪一个？

认为自己一无是处，或认为自己确实有些缺点，这两种看法中哪个更能减轻我的忧虑，更有利于我下周的聚会？

哪个对你工作更有帮助，是平心静气还是经常愤怒？

我尽力去获得我想得到的东西和我必须获得我想得到的东西，哪个更能减轻烦恼？

认为自己集优缺点于一身，或认为自己是一个彻底失败的人，一无是处，无法忍受。这两种观点中哪个对你改善人际关系更有帮助呢？

三、与不合理信念辩论的技术方法

与不合理信念辩论的具体方法包括质疑式和夸张式两种基本方法。

第一,质疑式。咨询员需不断努力,借助于这种辩论过程的不断重复,使来访者认识到:他们的那些不合理信念是不现实的、不合逻辑的;他们的那些信念是站不住脚的;要分清什么是合理的信念,什么是不合理的信念。

第二,夸张式。是治疗者针对来访者信念的不合理之处故意提一些夸张的问题,其落脚点与质疑式提问是一样的,仅仅是方式上略有区别。这种提问方式犹如漫画手法,是把对方信念的不合理之处、不合逻辑之处、不现实之处以夸张的方式放大给他们自己看。

辩论方法的实施中需要注意的关键点有两个方面。第一,找到不合理的信念。具体包括:①从典型事件入手找出诱发性事件 A。②询问对方对这个事件的感觉和是怎样对 A 进行反应的,即找出 C。③询问对方为什么会体验恐惧、愤怒等情绪(即由不适当情绪和行为的反应着手,找出其背后的看法、信念等)。④分清对方对事件 A 持有的信念哪些是合理的,哪些是不合理的(对同一事件,人们往往有合理的与不合理的两种信念交替出现,而不适当情绪反应的起因是不合理的信念),将不合理的信念作为 B 列出来。第二,辩论中使用积极提问促进对方的主动思维。让来访者说"不是""没有"等否定性回答,使其逐步放弃不合理的信念。

第三节　理性情绪行为治疗理论的原理

一、对诱发事件的认识和态度引发情绪和行为

引发我们情绪和行为的不是诱发事件本身,而是我们对诱发事件的认识和态度。换言之,人们的痛苦烦恼并非只是因为生活中发生的不幸事件(A),也包括他们对不幸事件产生的感受、信念和行为(B)。因此,A 和 B 合在一起,就会造成困扰(或不困扰)的结果(C)。他们的困扰情绪(非困扰情绪)部分原因是由他们对不幸事件(A)的反应(B)造成的。我们可以通过我们的思维方式控制自己的情绪和行为。

二、全面看待思维、情绪和行为之间的关系

理性情绪行为治疗全面看待思维、情绪和行为之间的相互关系和内在关联。就是说,引发 C(结果)的 B(人们对不幸事件的反应)中包括思维、情绪和行为,所

有这些共同导致了他们的健康和不健康行为结果。当人们把不幸事件看作“不好的事”，他们以理性的观念做出合理的情绪行为反应(B)，例如“我不喜欢这些不幸的事情，我希望它们从来没有发生过。但是它们确确实实存在，不过我可以应对”，这时他们就会体会到理性情绪行为治疗中的良性反应，如悲伤、失望和沮丧等。这些良性反应使得他们能够应对不幸事件(A)。当人们把他们的不幸当作“可怕的事情”和“糟糕的事情”，认为他们“受不了、扛不住了”时，他们就会产生非理性信念和做出不合理的情绪行为。他们会有抑郁、愤怒和焦虑的反应，他们就会感到困扰，不能很好地处理不幸事件(A)。

三、人类生来就有理性和非理性两种思维方式

人们有意识地选择如何理解—感觉—行为，(对于B)，如果他们做出了不正常的选择(人们经常做这种不正常的选择)，他们可以重新作出正确的选择。人们能够学会分辨B过程中正确选择和不正常选择之间的不同(特别是在心理治疗的帮助下)，能够学会纠正他们不正常的理解—感觉—行为，并且在实践中，他们会习惯地喜欢理性选择而不喜欢非理性选择，因此使得他们自己较少地受到干扰。然而，是人们的生物特性和习得特性，使得他们在人生中不断地退回到不正常的B中去，也正因为这个原因，他们才不会完全地理性或正常。人生有开化和蒙昧两种状态，绝不会完全是或一直是开化状态。

四、理性思维和非理性思维的不同

理性思维的特点包括：理性思维建立在实际经验的基础之上；正确地认识事物；和需求相反——更愿意事情按照自己的希望发展；不诅咒自己、他人和生活；抗挫折能力强，具有健康的合理情绪。非理性思维的特点包括夸大，把事情往坏处想并且将其灾难化；要求(认为应该、必须、应当)事情向自己希望的那个方向发展；批评指责；抗挫折能力弱；产生不健康的负面情绪。

根据理性情绪行为治疗理论，理解和克服困扰的关键在于：①识别出非理性信念，并且找出它们如何引起不快乐和困惑。②和这些非理性信念作辩论。③对非理性信念进行反思，用理性的、自助的方式重新描述这些信念。可见，“应该”或“必须”这两种强迫性思维是非理性信念的固有特性。

五、无条件接受

根据理性情绪行为治疗的理论和实践，当一个人坚持使用但并非始终使用下

面3个重要的基本原则时，他就可以在生活中保持稳定的情绪并且保持一个良好的状态。

(1)无条件接受自我。要学会总是接受自己的弱点。著名的哲学家阿尔弗雷德·科日布斯基认为，人会反对自己的所作所为——因为自己的过失，诅咒自己。当然，作为一个人，也许你犯下过很多错误，但请记住，你还有其他机会，千万不要因为几个过失就诅咒自己。

(2)无条件接受他人。正如你不会因为自己的愚蠢而责怪自己，坚决不要去责怪他人的过失。我们是普通人，难免会犯错。你知道他们如何把事情弄糟的，但不要因为他们把事情弄砸了而指责他们。你要努力对这些犯错者表示同情。

(3)无条件接受生活。你看到了生活中的不公正、不公平和不道德现象，在可能的情况下，努力去完善它。然而，你并没有因此而断定人生没有希望，永远不会改变。你接受生活，当你暂时不能改善它时，你可以认为生活“不好”或“不太满意”，而不要认为生活是“可怕的”或者“糟糕的”。你要乐观地认为这一切都会改变的，并且尽力去改变它，但是千万不要绝望或者失望。

理性情绪行为治疗提醒我们应该坚持贯彻无条件接受自我、无条件接受他人和无条件接受生活，特别是在艰难时期，不要发牢骚，停止抱怨，不要要求生活中事事公平、公正、美好，尽管我们不能总得到自己想要的东西，但我们也可以通过努力维持稳定。尽管事实上生活并不容易，但将以上三个基本原则在生活中付诸实践时，我们依然会拥有自我，拥有可能的快乐。

第四节　ABCDE模型治疗案例

案例一　低挫折承受能力

低挫折承受能力是指无法接受自己不喜欢、不希望或不想要的生活方面，从而造成不健康的情绪状态，如愤怒、自怜和抑郁等。

不仅仅是有成瘾问题的人和滥用药物的人会遭受低挫折承受能力。低挫折承受能力也可以看作是苦恼焦虑的一种形式，很多人都会遭受此种痛苦。产生低挫折承受能力的典型的非理性信念有如下几点：

“很难迅速完成我接受的这个项目，这个项目应该容易点。”

“我要做的这件事情不仅仅难，是太难，我现在做不了！”

“人们绝对不可以像他们那样对待我，这种行为令人很沮丧、令人很不愉快。”

“我无法忍受巨大的或者是持续时间很长的挫折。”

“发生在我身上的事情极坏——因此很糟糕！”

“我没有办法应对这种恐惧，因此我无法面对，也无法解决！”

“我必须找到一些开心的事情来转移我的注意力，让我暂时忘记这些可怕的挫折。”

“即使想想这种可怕的境况，也会让我完全心烦，所以我不会再想了。”

“这种挫折很糟糕，所以如果我关注它，我可能一点也不开心。”

在对患有严重苦恼、焦虑或苦恼、抑郁的来访者进行理性情绪行为治疗的过程中，治疗师可以采用许多认知、情绪和行为方面的技术经常向来访者说明，和他们为明天付出高额代价的成本效益相比，他们快乐地沉浸在今天是特别有帮助的。治疗师帮助他们列出拖延和不去做他们“承受不了”的事情带来的一系列痛苦，并告诉他们尽管今天做这些繁杂的事情非常困难，但他们若因“不能忍受”而不去做，以后做这些事情会更加困难。同时也告诉来访者如何模仿虽有严重残疾但逼迫自己做出了很大成绩的人。一些理性情绪行为治疗中的情绪技术，如合理情绪想象、羞愧脱敏练习、强有力的应对性表达、极力辩驳，还有角色扮演，都非常有帮助。

在行为上，理性情绪行为治疗的治疗师帮助患有苦恼或焦虑（和一些其他焦虑）的来访者继续停留在困难的情境中并且影响他们的低挫折承受能力，直到该情绪得以减轻；当他们及时做自己回避的困难任务时，治疗师帮助来访者激励自己；有时候，当来访者逃避做事时，治疗师帮助来访者自我惩罚；治疗师还帮助来访者使用其他理性情绪行为治疗中的行为方法。

理性情绪行为治疗师和来访者的终极目标，是努力完成“核心的”理性情绪行为治疗解决方法来改变低挫折承受能力，如下：

（1）努力把来访者的苦恼或焦虑中破坏性最大的方面减少到最小。

（2）努力寻找并减少来访者起初可能没有说到的关于焦虑的其他方面。

（3）尝试帮助他们改善严重的低挫折承受能力。

（4）如果来访者出现复发情况和再次遭受低挫折承受能力折磨时，鼓励他们建设性地使用理性情绪行为治疗方法。

（5）逼迫他们在今后的生活中，致力于抵抗他们潜在的低挫折承受能力。

(6)当他们面对可能会发生的不寻常的挫折和限制时,如果他们仅仅轻微地困扰自己,或者是出现反复倾向时,帮助他们无条件地接受自己。

案例二　完美主义

非理性信念是人们打败自我的关键所在,他们认为自己始终要事事出色,成就卓越和各个方面胜任有余,才可称得上是有价值的人;当事情没有按照他们的希望发展时,就会糟糕可怕、极具灾难性;要有一套恰当、正确并完美的解决方法,如果没有找到一套完美的方案,后果会极为严重。

希望得到自我感觉好和解决问题的好方法,这是合理的。但是如果像完美主义者一样,把“希望”升级为“必须”,就会导致焦虑、抑郁和其他不健康的消极情绪。他们也会经常产生次发性症状,如认为这是“糟糕的”和“不完美的”,这会使他们感到焦虑,又会导致对焦虑的焦虑。

完美主义者往往是高条件的自我接受者,他们把自己的价值建立在达到完美、做得比别人都好的基础上。相比许多非完美主义者,完善主义者在非理性信念上要为僵化和教条。理性情绪行为治疗师将会和来访者一起帮助他们理解强求,而不是更喜欢。完美主义者会制造焦虑、抑郁、自我责备和责备他人,挫折承受力低,并且常常更少得到想要的东西。

许多理性情绪行为治疗技巧中的认知、行为和情绪技巧,能够帮助他们把要求改变为选择。例如,对各种必需的理念做辩驳;敢于故意做得不完美,以此来看看世界是不是真的到末日了;羞愧脱敏练习等。

第七章 认知辅导在大学生情绪调节中的应用

第一节 认知辅导概述

一、什么是认知单元

认知是认识活动或认识过程。个体的认知模式由图式、归因与信念构成。图式就是认识世界和我们自己的一些类别和方式，一个图式就是一个组织信息的认知结构。因此，它会影响新信息的知觉、组织和记忆。用信息加工的话来说，它会影响信息的编码、存储和提取。图式限定着人们看待别人和自己的方式，有文化上共享的图式，也有个体特有的图式。

归因是我们对某一事件的预期，其基于我们对过去事件的回忆和我们对这些事件的归因或解释。当一件事发生时，特别是有意义或令人惊奇的事发生时，我们会问自己为什么这件事发生了。我们将对这些事件的解释称为归因，它在我们对事件的情绪反应和对未来的预期上起着重要的作用。

信念指对某事是否有真实的确信——对世界是否是一个公正的地方，某人是否在某些方面有能力，某人是不是个好人的确信等。个体在其信念的内容上是不同的，在用以支撑自己各种信念的认识上是不同的，与之相关的情感也不同。

适应不良信念干扰着适应机能。比如，完全相信个人生活事件不会受自己行为影响的信念，会干扰适应行为的采纳。适应不良信念常常伴有自证预言的性质，鉴于此，这种信念会导致证实此种信念的行为。例如，一个总认为自己会被拒绝的抑郁者，可能做出导致不被接纳的行为，这一信念于是被证实了，但这人并没有意识到问题正好出自此种信念本身。

非理性信念指不合逻辑的信念，例如“如果好事发生，坏事肯定即将来临”“如果我说出我的需求，他人就会排斥我"，这种信念也有自证预言的性质。

个体的图式，即认知结构在一定程度上决定了信念的内容，适应性信念和理性信念对事件的发生形成客观、冷静的归因或解释，而适应不良信念和非理性信念对事件发生的归因或解释带有较浓的情绪化色彩。对同一事件两种不同的归因会导致情绪反应的两极性，即良好的情绪体验和不良的情绪体验。所以，图式、归因、信念的认知单元暗示了它们对个体情绪状态的重要意义。

二、情绪的认知辅导理论

情绪的认知理论由 Schachter 和 Singer 提出，其主要内容是：情绪有两种属性，即强度和形式。情绪的强度决定于内脏对脑的反馈，而情绪的形式由对于产生内脏反应的情境的认知和评价来决定。

Larzarus 认为"认知评价是所有情绪状态的构成基础和组成特征"，情绪反应的所有 3 个方面——躯体过程、外在行为表现和主观体验，都需要认知评价作为一个必要的先决条件，即认知评价先于情绪唤醒。Larzarus 认为情绪反映了个体与环境之间关系的持续变化。当个体经历某个重大生活事件时，个体与环境之间的关系就会成为情绪的一个来源。因而，情绪过程不能仅仅局限于个体内部或大脑内部，而应该在个体与其所评价的环境的相互作用中进行理解。体验某种情绪，无论是以原始的知觉形式，还是以某个较高级的符号形式，个体都必须进行认知评价。

心理学家 Beck 提出了情绪障碍的认知理论，认为认知是情绪和行为反应的中介，各种生活事件导致情绪和行为反应时要经过个体的认知中介。情绪和行为不是由事件直接引起的，而是经由个体接受、评价、赋予事件以意义后才产生的。情绪障碍和认知障碍与适应不良的认知有关。

美国临床心理学家 Ellis 在论述认知的作用时创立了理性情绪疗法。它的一个基本假定是：人的情绪来自对所遇到事情的信念、解释或评价，而非来自事件本身。Ellis 把 REBT 法归结为 ABC 理论。A——指诱发性事件；B——指个体在遇到诱发性事件之后产生的相应信念；C——指个体的情绪或行为反应的结果。即诱发事件 A 只是引起情绪及行为反应 C 的间接原因，人们对诱发事件所持的信念 B 才是引起情绪及行为反应的直接原因。

所以，情绪问题的认知理论认为，人们的认知评价（对环境刺激的接受与内化）会激起不同的情绪反应。认为参与情绪变化的认知因素来自两个方面：一是客观的情境，二是认知结构中的心理定位。人总是用原有的心理结构来组织输入的信息,即情境的刺激。在认知心理学家看来,对情境的评价,包括对输出的评价和对自己行为的评价。正如 Larzarus 所指出的:“认知过程使个体产生某种心理组织结构与环境之间的相互作用和一系列的回答方式。”

三、激活与认知的研究

现代情绪问题研究的焦点是生理激活与情境认知相互作用的矛盾。生理激活是由自主神经系统引起的,不同的情绪状态激活方式大致都是相似的,这表明激活是非特异性的。人的情绪特征是由认知评价,即对情境的分析来区分的。在情绪状态的形成和发展过程中,生理激活是情绪形成的先决条件,而认知决定了情绪的特征和性质。生理激活和认知分析在心理结构中形成某种信念指令,策动某种外显行为的输出,其中包括语言的输出。简言之,激活为一定的情境认知提供了情绪变化的生理基础,而认知提供了情绪状态的内容和特征。

引起情绪状态变化的生理激活,是由自主神经系统来完成的。自主神经系统由交感神经和副交感神经组成。它们和内脏器官如心脏、胃、平滑肌等相连,主管内脏、血管与腺体的活动。自主神经所控制的组织活动尽管也有明显的外部反应,但却缺乏确切的心理定位。例如,害怕、兴奋或发怒,都可能引起心率加快。Schachter 的实验表明,给被试注射肾上腺素,只是激活起一般的情绪状态,既有可能是积极的,也有可能是消极的,这种情绪变化的方向性不是由肾上腺素决定的,在很大程度上依赖于个体过去的经验,即已经形成的心理结构。

对激活与认知的相互作用一直存在着两种不同的解释:一种是被动的解释,一种是主动的解释。被动的解释认为,引起激活的生理信息和引起知觉分析的心理信息最初是平行的,只是后来才结合成某种特殊的情绪体验。如果现实的情境评价与个体原有的知觉评价是相等的或相差不大,就不会使激活引起情绪的激动,这便是一种冷静的认知。有人认为,皮亚杰所描述的认知过程是一种冷静的认知。另一种积极的解释则认为,激活与认知的相互作用引起心理结构的变化。这种解释强调个体以往的经验,强调心理结构内部整体性的信息加工。情绪的激活和认知是心理结构中的整体活动,是一个复杂的信息加工过程。

Schachter 和 Singer 提出环境、认知和生理激活三因素论,明确指出单独环境因素或生理因素均不能引起情绪,单独环境与生理二因素结合也不能引起情绪,只有认知的参与、认知对环境因素以及生理唤醒的评价过程,才是情绪的机制。

第二节 大学生的认知偏见

一、大学生情绪困扰的不良认知类型

不良认知往往是情绪困扰产生的直接原因,情绪困扰者往往用不良的认知方式解释境遇或推测未来。因此,研究不良认知及其表现类型对于消除情绪困扰具有重要意义。

选择概括,即了解不全面、以偏概全。大学生社会认知相对不成熟,为人处世较容易感情用事,缺少理性的把握和辩证的分析。表现为任意推断和主观臆测,缺乏客观性,容易引起心理失衡,产生易怒、失落、抑郁等情绪。

过度引申,即任意扩大事情的外延。此种不良认知是导致大学生产生忧虑、忧郁、自卑、强迫等不良情绪的重要原因。首先是选择性消极注视,即过分关注事情的不良方面,选择一个消极的细节,并且总是记住这个细节,而忽略其他方面,以致整个情境都染上了消极的色彩。其次是情绪化推理,即认为自己的消极情绪必然反映了事物的真实情况,这不但阻碍了自己对事物真实情况的了解,还使自己陷入了负性情绪的困扰之中难以自拔。

夸大或缩小,即常对客观事件的意义作歪曲评价。首先是夸大自己的失误与缺陷,并贬抑自己的成功方面,使自己长期陷入不愉快的回忆中。其次是夸大别人对自己的看法,习惯用别人的眼光来评价自己的言行,并主动为别人的错误承担责任,常常引咎自责,并为此而苦闷,陷入自卑、抑郁、焦虑之中。

全或无思维,即把生活看成非此即彼的单色世界,要么全对要么全错,没有中间状态,首先是应该倾向。常用"应该"或"必须"等词要求自己或别人。如"我付出了就应该有收获",而不去分析失败的原因,一旦别人的所作所为不符合自己的期待,就会产生失望和怨恨。其次是完美倾向,即分析问题只注意到事物积极的一面而忽视其消极的一面。不良认知会导致不良的情绪体验,因此,消除情绪困扰的有效方式应该是应用认知辅导建立正确的认知评价,以纠正认知偏差,改善情绪状态,构建积极乐观的认知倾向和认知结构。

由于大学生情绪发展本身的不成熟性和认知发展水平的局限性,面对来自外界社会的各种刺激时,易产生不良认知,从而导致心理冲突和情绪困扰。认知决定着人的情绪和行为,良好的认知产生良好的情绪和行为,不良的认知产生不良的情绪和行为。如果长期不断地用内部语言重复这种不良认知，便会导致心理与情绪的困扰。由于人的认知评价会影响人的情绪，因此，消除大学生情绪困扰的关键在于帮助大学生改变不良认知。

二、大学生抑郁的消极性及其原因分析

（一）大学生抑郁的消极性

贺秀珍（2005）对青海大学生抑郁与焦虑状况调查分析的结果显示，青海大学生抑郁与焦虑的程度与常模相比较都存在显著的差异，而且将近25%的学生患有抑郁和焦虑性障碍。大学生抑郁和焦虑的消极性影响主要表现在如下几个方面：

抑郁会影响做事的动机，使个体感到自己态度冷漠，无精打采，对许多事情缺乏兴趣。

抑郁不仅使人情绪低落、感觉饱和，其核心症状为“缺乏快乐”，即丧失体验快乐的能力，感到生活变得异常空虚，毫无快乐可言。而且加强了对不快乐的感受，变得易激惹。抑郁常见的症状是焦虑，其是抑郁的重要组成部分。与抑郁相关的其他消极情绪有悲伤、内疚、羞耻、嫉妒等。

抑郁通过两种途径影响个体的思维。首先，它影响注意力的集中程度和记忆力。其次，它影响个体对自己、对未来乃至整个世界的看法。

抑郁时的想象无外乎是黑暗，无法挣脱束缚。黑暗、受困是抑郁时最主要的想象内容。

抑郁时，易产生退缩性行为，尽量避免交往，将自己隐藏起来，发现自己与他人正向的交往减少，与他人的冲突不断增多。如果因此感到焦虑，就会避免与他人接触，进而丧失对交往的信心。

焦虑时，体内产生肾上腺素。同样，抑郁也会造成人生理上的变化，影响个体身体与大脑的活动。

处于抑郁状态的人在与人交往时，会变得枯燥乏味、易激惹、常常拒绝别人，进而影响与他人的关系。

（二）大学生抑郁产生的原因

认知不良抑郁导致个体产生固定的观念（例如，不可爱、劣等感或受困感），个体的观念决定了抑郁症状是否持续存在。抑郁的易感性源于个体潜在的自我观念（例如，不可爱、失败等）。个体倾向于用这些消极的观念解释不幸的事件（例如，

"人际关系破裂的原因在我,是我不可爱造成的")。所以,学习控制个体的生活观念和生活方式,能够帮助个体缓解抑郁症状。当然,抑郁不都是由个体理解事物的方式造成的,个体所处的社会环境也扮演着十分重要的角色。

大学认知辅导在于引导其学会反思自己看问题的方式,学会体验自己的看法,并学会以新的方式看待问题。改变对自己的根本看法,将增强对情感的把握能力,从而减小陷入抑郁和焦虑的可能性。

抑郁的易感性与无法和亲近、可信赖的人建立亲密关系之间有着密切的联系。自尊水平(即无能感、自卑感、无价值感或劣等感)属于易感因素。个体的自尊很大程度上来源于能给个体带来价值感和成就感的社会角色。大学生自尊心是其自我意识发展的重要内容。大学生之所以陷入抑郁,是因为他们缺乏对社会角色的适应性,易产生与社会角色适应的心理冲突,缺乏归属感和确定感。

影响大学生自尊心形成的因素主要有:①家庭环境的影响。不健康的自尊心根植于受父母及其他重要人物的影响而产生的身体感觉与情感之间的冲突、自我感受与他人评价之间的冲突。儿童及少年时期所接受的正面信息和负面信息会影响个体对"我是谁""我能做什么"以及"我能从他人身上期盼什么"等问题的看法。②社会影响。评判自己和他人的标准便是社会价值和理想,个体对此加以赞同和认可,并将其作为自己的一部分。当鼓励社会角色的同时,社会也限制了情感的亲近和自我表达。此外,独立和自主被认为是好的方面,而宣泄情感被认为是弱者或自我控制力较差的象征。③学校教育的影响。当今的学习环境对鼓励大学生健康自尊心的发展并不总是有利的。社会上存在着许多对个体与学习之间关系的不确切的观念,比如我喜欢什么和擅长什么。一些不良观念在比较困难的学习情境下成为学习的一种阻力,也是自我否定问题的根源,如"我缺乏创造性""我不会跳舞"等。这些不良认知妨碍了学生的学习,大大地影响了他们的自尊心,制约着大学生学业的成功。

三、大学生人际适应中的社会认知偏见

社会认知是个人对他人的心理状态、行为动机和意向作出推测与判断的过程。社会认知的过程,是依据认知者过去的经验及对有关线索的分析而进行的。社会认知还必须依赖认知者的思维活动,包括某种程度上的信息加工、推理、分类与归纳。人们对他人的行为进行推测与判断时,往往会根据自身的经验与体会来认识他人当时潜在的心理状态,即所谓的"以己度人"。所以,社会认知受主观因素的制约。

社会认知的基本过程包括社会知觉、社会印象和社会判断等。社会知觉是社会认知的第一步,它是关于他人和自我所具有的各种属性与特征的一种整体性知觉,在此基础上形成社会印象和社会判断,并进一步对他人和社会行为做出有根据的主观归因。社会印象是人们通过与认知对象的接触和知觉,在头脑中形成并留在记忆里的认知对象的形象。社会判断则是在社会印象的基础上,对认知客体的评价与推论。

在认知过程中,个体的某些偏见时时影响认知的准确性,使认知发生偏见。大学生常见的社会认知偏见主要有:

首因效应,指在社会认知过程中,最先的印象对人的认知具有极其重要的影响,即"第一印象",它具有前摄和泛化的作用。第一印象具有表面性、片面性和先入为主的特征,极容易形成一种心理定势,产生负面效应。

近因效应,指最后的印象对人的认知具有重要的影响,其具有后摄作用。

晕轮效应,也称光环效应或日晕效应。是指当我们对一个人的特征形成一定的印象后,无论是好的还是坏的,都被一种光环笼罩着,容易以点概面、以偏概全。克服晕轮效应就要注意自己的"投射倾向"。

社会刻板效应,指人们对某个社会群体形成的一种概括而固定的看法。按照预想的类型将人分成不同种类,然后贴上标签,按图索骥,而这种沿袭已久的固定的看法,容易积淀为一种心理定势,这些偏见会严重影响大学生的正常交往。

相似的假定作用:在认识活动中,人们有一种强烈的倾向,即假定对方与自己有相同之处。

类化原则:认知者总是按一定的标准将他人分类,把他人归属于一些预设好的群体范畴之中。在认知具体个人时,一旦发现对方所属的群体类别,就会将群体的特性加诸对方身上。

积极偏见,是指认知者表达积极肯定的评价往往多于消极否定的评价,这种倾向又叫宽大效应。

隐含人格理论,每个人在成长过程中,都发展了自己的人格理论,一套关乎个人各种特征是怎样相互适应的、未言明的假定,这种理论之所以是隐含的,是因为它很少以正式的词汇表达出来,甚至个人自己也并不意识到它的存在。伯曼(J. s. Berman)等人把这种理论称作相关偏见。这种偏见为人们提供了一种方法:把认知到的各种特性有规则地联系起来。每个人都依照自己有关人格的假定,把他人的各种特性组织起来,成为一种总体形象。

第三节 情绪困扰与适应不良

一、大学生角色冲突

角色意识是指个体对自己在社会生活中所扮演的角色的认知，使自己的行为符合社会对该角色的要求。社会生活的多样性决定了社会关系的复杂性，任何一个人，当他进入某一社会位置后，就与一系列的行为模式相联系，其言谈举止都受社会对这一位置的一定规定或制约。大学生对自己角色的认知很大程度上影响着其相应的社会角色的扮演。

（一）大学生社会角色扮演

社会角色的扮演，是大学生社会化的一个重要内容。社会化的根本目的在于培养合格的社会成员。在社会化过程中，大学生不断将社会要求转化为社会角色的心理内容，即通过个人的内心活动或亲身体验，真正相信并接受社会主导价值、行为规范，并把它纳入个体的价值体系之中；同时，又不断将调适后的社会角色内容表现为个体的行为。这实际就是社会角色的学习与扮演过程。角色冲突是指当一个人扮演一个社会角色或同时扮演几个不同的角色时，发生的内心矛盾与冲突。

角色冲突是指同一社会角色的冲突。如老师对学生期望值过高、过低；社会角色改变时，新旧角色间发生的矛盾与冲突等；一个人身兼几个社会角色，各方面对他提出不同的行为模式标准，他感到无法满足各方面的要求而产生的内心矛盾；社会角色规定的人格与真实人格间的矛盾。

（二）大学生角色冲突的表现

大学生角色冲突的表现：一是从稳定的中学生角色意识转变为大学生的角色意识而出现的冲突。一个人的角色不是一成不变的，当一个人扮演新角色时，新旧角色间会发生冲突。许多新同学在由中学生转为大学生的过程中，常常一时不能适应，感到压抑、孤寂、苦闷，认为自己不行、差劲，并为此而苦恼。二是由失落心理而引起的角色冲突。其中包括由学习成绩不理想而引起的冲突，因同班同学、好友评上三好学生或各方面都比自己强，感到失落、怨恨而产生的嫉妒心理。三是实际角色和理想角色的差距。一些大学生对自己有很高的期望值，但实际上成绩平平，相貌一般，无特殊爱好或才能，并因此而长期处于自卑的心理状态中。四是多重角色心理冲突。这类角色冲突主要发生在担任学生干部的同学中。对于这一类学生，无论是他们自己还是老师、同学，都有一种求全的心理倾向。他们既要学好功课，又要干好工作；既要在同学中有威信，又要得到老师的信任；既要工作学习好，又要娱乐玩耍兼顾。这种多重角色和心理压力常使他们筋疲力尽而顾此失彼，因思想包袱日积月累，出现角色冲突。五是因家庭经济条件差而引起的角色冲突。这主要表现在部分来自农村的大学生身上。在大学"争强好胜"的环境中，家庭经济条件的好坏也成了衡量一个人的标准。家庭生活条件困难的大学生易受到冷落，失落感、自卑心理都比较强。六是因社会角色"超前意识"而引起的角色冲突。当代大学生往往对国家和民族表现出强烈的忧患意识，这应该说是值得肯定的，但一些大学生由于过高估计了自我价值，往往难以摆正自己在社会中所处的位置。一些学生受辨别能力的限制，用西方的先进来比较我国的落后，往往以一个社会觉醒家的形象自居，想通过自己的人生奋斗来改变国家的现状，而在实际生活中一旦遇到困难和挫折，又很容易垂头丧气。

（三）大学生角色冲突的原因分析

导致大学生社会角色冲突的原因既有主观的，也有客观的，主要有以下两个方面：一方面在社会角色的学习过程中出现了心理适应不良，另一方面是理想角色与现实角色的差距。社会角色的学习包括：一是学习角色的责任与职权（义务与权利）；二是学习角色的态度与情感。社会角色的学习是在人与人、人与社会的关系中进行的，并随着角色的改变而无止境地进行着。理想角色包括社会对某一角色的理想要求，它的权利和义务是社会认可的或正式条文规定的，是一种完美的行为模式。人们也正是从理想角色中知道社会对角色的要求。但是个人在担任某一角色时，有其实际表现，这种实际表现就构成了现实角色。在人们的社会生活中，由于主观方面（如角色意识问题）和客观方面的诸多原因，现实角色和理想角色总是有差距的，这种差距被称为角色差距。严重的角色差距可导致角色冲突，使人心理失衡，出现障碍。

二、大学生自我意识发展的矛盾性

个体社会化的结果之一是形成自我意识。自我意识指个人对自己存在的意识，对自己以及自己与周围事物关系的意识。即个人对自己身心状况、人我关系的认知、情感以及由此而产生的意向(有关自己的各种思想倾向和行为倾向)。即,自我意识包含 3 种成分:①自我认知。即对自己的各种身心状况、人我关系的认知。②自我情感。即伴随自我认知而产生的情感体验。③自我意向。即伴随自我认知、自我情感而产生的各种思想倾向和行为倾向,自我意向常常表现在对个体思想和行为的发动、支配、维持和定向,因而又称自我调节和自我控制。

(一)大学生自我意识发展的矛盾冲突表现

大学生自我意识发展的矛盾冲突主要有:

独立意向的矛盾性:①独立意向强烈。独立意向是大学生在成长和发展过程中摆脱他人监督、支配和管教的一种自我意识倾向。他们希望自己独立自强,成为一个有独立见解、能决定自己命运的人。表现出反抗权威、不愿遵循传统、总想标新立异。②逆反心理和依赖心理作祟。大学生因为经济上尚未独立,心理上没有完全成熟,社会地位还未确立,其独立性表现具有非理智性和盲目性。大学生逆反心理具有盲目独立和突出自我的典型特征。例如,对正面宣传作反向思考;对先进人物无端否定;对不良倾向产生认同;对思想政治教育和校规校纪产生抵制。

自我评价的矛盾性:①自我评价需要增强。大学生拓展了自由空间、交际面和活动空间,急于在新的环境里认识自己、评价自己、找到自己的位置。这种认知和评价不仅仅是仪表外貌,更多的是对自己的能力、性格、品德、人生价值等深层次问题的探讨,自我认识的内容更加丰富和深刻。②自我评价易出偏差。大学生由于受自身认识水平的限制,在认识、评价自我时缺乏必要的客观性和正确性,对自我的理解和判断流于表面,易出现自我否定、自卑或自负、盲目自大等现象。

自我体验的矛盾性:①自我体验敏感、丰富、深刻。大学生自我体验的强度大,具有敏感性、丰富性、深刻性等特点。随着自我认识的发展,大学生开始重视自己在集体中的地位与权威,对他人的言行与态度十分敏感,对涉及自己的名誉、地位、前途、理想及异性交往等方面的问题,更易引起强烈的自我情绪体验。②内心闭锁与情绪波动。大学生由于独立欲望与自尊心比较强,爱面子,所以不愿向别人袒露自己的内心世界,会有意无意地掩盖自己的缺点。这种闭锁心理会妨碍新的友谊关系的建立,易产生莫名的孤独感,造成心理压力。若其心理困扰不能及时得到解决,便可能导致心理障碍。大学生自我体验还会随着情绪的波动表现出波动性,如情绪好的时候自我肯定多一些,充满了自信;一旦情绪低落,自我否定就多一些,容易产生自卑、内疚。

(二)大学生自我控制的矛盾性表现

(1)自我控制愿望强烈。大学生自我控制的自觉性与独立性显著增强,自我控制的水平显著提高,大学生自我控制的愿望十分强烈,力图摆脱社会传统的约束,按照自己的意愿行事;他们也能够自觉地根据社会的要求来调节、改变自己不切实际的目标和动机,能够在较高水平上驾驭自我。

(2)自我控制力仍然不足。大学生自我控制水平不高,不善于及时、迅速地调整自我追求目标和行为,也不善于以理智控制自己的行动,其打架斗殴、破坏公物等现象就是不善于控制自我的结果。

在大学生社会化的过程中,其社会认知和情绪状况都会直接或间接地影响其社会角色的扮演和自我意识的构建。情绪对社会认知的影响一定会影响到社会认知的归因分析,不能冷静地、客观地分析事件发生的来龙去脉和因果关系,造成某种偏见、主观和武断。另外,情绪也会影响认知信息的整合。例如,过分紧张和激动的情绪会抑制记忆信息的提取,影响对参照标准的选择及逻辑思维能力。其次,个体社会认知的方式所引发的情绪体验在一定程度上表现为强弱的不同、积极与消极的区分。

三、大学生社会适应的心理误区的几种表现类型

孤独与抑郁:由于对新环境不适应,或是对新环境期望值过高,而现实又不尽如人意;或是缺乏人际交往的技巧,不能建立自己的人际支持系统;或是生活中受到重大挫折,自己没有能力解决等,这些都会使个人在心理上感到孤独与抑郁。

失落与沮丧:由于对学习、生活、工作所定的目标与自己的实际情况相距甚远,或是在前进的道路上遭到了意外的失败与打击,因此情绪一落千丈,一蹶不振,自暴自弃,怨天尤人。这种情绪只能挫伤自己继续努力的信心。

自卑与退缩:由于自我估计过低,夸大自身的弱点,看不到自己的长处;或是过于自卑,在某一次行为中遇到一点挫折。比如认为自己的学习成绩不如别人,能力不如别人等,就自愧无能、自叹弗如,在现实环境中胆怯畏惧、踯躅不前。

恐惧与逃避:害怕竞争中的失败,担心选择带来的风险,畏惧探索中的困难。做事前思后想、忧心忡忡,从不敢给自己提出高一些的标准,从不敢超常规一步。躲避一切可能给自己带来损失的事情,永远选择"安宁"和"稳定"。

浮躁与烦恼:在利益的驱动下,匆忙地追着社会时尚跑,当个人实力和外界条件所限不能如愿时,又陷入无尽的烦恼之中。长期在这种状态下生活,内心的和谐

和宁静会被打破，出现情绪紊乱状态。

紧张与焦虑：由于缺乏独立生活能力，到了新的生活环境，不会安排自己的生活；或是由于担心成绩不如别人而毕不了业；或是社会变化太快，竞争太激烈等，因而心理不能放松，时时处于紧张、焦虑之中。高度的紧张、焦虑会导致精力不能集中，甚至常常失眠和头痛。

愤怒与冲动：青年人情绪不稳定、年轻好胜，在某种情况下，碰到不顺心的事容易勃然大怒，甚至对人拳脚相加。冲动使人失去理智，出现打人或其他犯罪问题。

空虚与倦怠：因“雄心壮志”一次次受到打击，感到前途无望、目标渺茫；或是对自己太没信心；或是遭受了不公平的待遇等，于是对什么都失去兴趣，都觉得“没劲”，生活感到空虚，精神十分怠倦，自认为“活得太累”。这些人，学习对付着，工作应付着，每天懒懒散散，凑合着打发时光，表面上看起来很“潇洒”，实际上内心很痛苦。

以上各种心理适应问题常常使人的能力受到抑制，养成很多不良的行为和习惯。例如，注意力不集中、记忆力下降、交往能力受到限制。除此之外，还会使人的生理功能发生障碍，如头痛、头昏、消化功能紊乱等，严重地影响个人身心健康发展。

四、大学生心理适应不良的表现

大学生环境适应不良：一是大环境的改变，即由原来的中学、家庭变为大学环境；二是小环境的改变，即可能由家庭生活变为集体宿舍生活；三是人际关系的改变，即人际关系的广度和复杂性增加，由以家庭成员为主或比较单纯的师生、生生关系变成较为复杂的师生、生生和社会关系。学生既缺乏自己管理自己的能力，又不太愿意接受学校的管理。

大学生社交适应不良：一是内向、文静、胆小、多虑等性格造成不敢主动与人交往，显得不合群，独来独往，心事重重；二是由于害羞而缺乏主动与人交往的能力，在陌生人和异性面前显得面红耳赤、神色紧张、讲话吞吐，因此常主动回避他人，或不愿与他人接触交往，很少参与集体性、公开性的活动。

大学生学习适应不良：一是没有明确的学习目标，学习动机缺乏，行为懒惰，生活作风散漫，学习兴趣淡薄，不愿上课，易分心，独立性差；二是学习方法不当，不善于科学用脑，不注意劳逸结合，学习无计划，不能很好地管理自己的时间，未形成必要的知识结构；三是平常不用功，基础不扎实，学习成绩不如他人，临考紧张焦虑。

大脑神经活动兴奋与抑制功能失调，身体不适，失眠，注意力难以集中，记忆力下降，考试水平得不到正常发挥，成绩不理想。

大学生性心理适应不良：一是对性知识好奇、有探索欲，但又因缺乏性知识教育而性无知，以至心情焦躁，丧失信心，产生自我否定的评价；二是对异性产生爱慕和吸引的同时，对异性疏远、回避，造成性压抑而产生内心的自责、焦虑、紧张、矛盾、困惑；三是一方面有性欲和性冲动的产生，但另一方面又受学校制度和社会法律道德的约束而产生心理冲突、矛盾、苦闷；四是一方面进行性幻想，另一方面又惶恐不安，感到羞耻、自卑、自责。

人的情感与行为主要由其认知过程决定，不合理信念引起错误的判断、推论，导致病态的情感和行为。目前，临床已初步形成共识，心理问题或心理障碍的产生或多或少都包含认知的偏差和歪曲。基于这一理论，对大学生进行情绪疏导的关键是帮助他们发现认知偏差，通过一定途径修正并建立正确的认知结构，才能有效地改变不良情绪。

第四节　认知辅导促进情绪和行为适应

正确、客观地认识客观现实，对情绪及身心的变化进行良好的认知评价，是认知辅导的基本思想。认知辅导，其意义在于解决大学生积极适应（适应学习、适应生存、适应社会规范）和主动发展（发展智能、发展创造性、发展个性、发展社会性）两方面的问题。认知辅导对大学生的情绪疏导主要是通过帮助大学生识别、检验、纠正被曲解的概念、不合理的信念和想法来纠正其不良认知，引导大学生掌握自我调适方法以建构正确认知。

一、帮助大学生发现并改变不合理的信念

在认知辅导中，通过调查了解大学生的不良认知，并针对其现象通过讨论或创设一定情境进行角色扮演并分析其产生的原因。通过正反两方面的客观分析及亲身体验其认知曲解，使情绪困扰者的信念、想法或想象得不到事实证据支持，从而否定其信念的真实性，改变其原认知。

案例一：求助者小刘是地理系二年级的一名女生。第一次来咨询时情绪很低落，说自己想退学，原因是"宿舍里的同学都讨厌她，班里也没有人喜欢她。"据求助者自述，她不愿参加宿舍及班里的很多集体活动，特别不喜欢去人多的地方，所

以大伙儿都不喜欢自己。她感到待在这里很孤独,想退学回家。当问及是否还有什么地方使得同学们讨厌她时,她自己也说不上来。(分析:一般来说,作为一名大学生,适当参加一些集体活动是理所当然的,但仅仅因为不愿参加一些集体活动就会令别人讨厌也不大可能。)为了帮助求助者证实自己的想法是否正确,咨询员鼓励她主动向舍友及同学们了解情况。先从跟自己关系较好的同学开始,然后再了解跟自己关系很一般的同学。两周后,来咨询时她说自己问了十来个同学,都说"你每次都不愿主动参加我们的活动,还以为是你这个人性格内向,不愿和我们交往,所以也就很少打扰你。"最后,咨询员和她谈了一些有关大学同学如何相处的问题,并鼓励她积极参加一些集体活动,这样有利于她将来走入社会,小刘很赞同。

二、帮助大学生重建概念

在认知辅导中,通过改变大学生观察理解问题的角度,或赋予问题另一种不同的解释,促使其重新进行选择,从而改变其态度和行为。概念重建,首先是对其行为问题重新定义,即通过对其行为的说明取代原先的观念。可从接近情绪困扰者的认知框架的解释开始,逐渐移向完全不同的解释,最后达到认知的明显改变。也就是通过假设和协商,引导其认识原先认知的错误或信念与客观证据的矛盾,从而使认知得以重建。其次是"条件重建法",是指一个似乎是不好的事物,在另一种条件下却是好的和有利的。再次是"意义重建法"。意义重建法是指给情绪困扰者的心理问题给予一种有利的解释,而不是要求其立即有较大的行为改变。由于其心理问题取得了积极的含义,其痛苦体验将减轻。对于失败或挫折的情境可以采用"意义重建法"。例如,爱迪生研究做电灯泡的方法时,在数千次失败后又一次失败,别人问他,这次是不是失败了?他说他没有"失败",而是又知道了一种不能做成电灯泡的方法。这样,"失败"对他来说又成了一次"收获"。

案例二:小王是外语系大三年级学生,初次来咨询时,一进门就说:"老师,我很倒霉,我很孤独,我有时甚至有自杀的念头。"通过交谈得知,他原来有很多好朋友,干啥都有信心,平时还经常和同学们一块出去爬山、聊天。自从去年一次偶然的机会查出自己患有肺结核后,基本上没有人和他玩了,大家都远离了他,上课时也没人坐他旁边。因此,他感到很孤独,什么也不想干,觉得活着没意思。

分析:一个人在身体不舒服时最需要别人的关怀和帮助,而作为学生,离家远,很难得到父母的关心和照顾。有的同学想帮助他,但又怕被传染,所以很少和他接触。这样一来,他难免会感到孤独无助,甚至对生活失去信心。

通过交谈，咨询员帮助他建立新的观念：首先，对于现代医学来说，结核是可以治愈的；其次，同学们之所以这样，是因为怕被传染，而不是对他本人有什么看法；另外，他可以在此期间集中精力学英语，争取早日通过专业等级考试。

三、帮助大学生领悟自身的问题

领悟，是指对自身问题本质的理解，即情绪困扰者清楚地认识到自己的心理问题的内在本质。促进领悟的常用方法之一是解释。一般来说，解释应在其有了接受新解释的准备之后，在理解的基础上进行；解释应有利于增强其解决问题的信心，提高其应对能力，有利于改变其认知。在认知辅导中，要力戒强加于学生的、消极的、武断的解释，应引导学生自己做出新的解释。解释的方式，应从接近其认知框架之处开始，逐渐向远离其认知框架的方向拓展，直到其认知发生显著改变。

案例三：小梅长相一般，个头不高，刚来咨询时，她的情绪非常低落。她说："我是天底下最无用的人！再也没有比我差的人了！"后来了解到，她来自农村，而宿舍里的同学大部分都来自城市，有两个舍友虽然也来自农村，但家庭条件比自己好，而且其他舍友都比自己长得漂亮。

分析：进入青春期的女孩子，对自己的穿着和长相很关注，但由于过多地关注自己的不足之处，往往掩盖了自己的优点，从而对自己失去信心。

咨询员建议她将自己的所有优缺点都列出来，能想到的都写下来，下次咨询时一并带来。一周后，从她写的来看，除了"家庭条件不好，长得不好看，有时会发脾气"外，也说不上有其他的缺点。相比之下，"学习好、体育好、能吃苦，还准备考研"都是她的优点。接下来的咨询中重点放在引导她认识自己，使她真正认识到家庭出身和长相是不以一个人的意志为转移的，努力打造自己才是关键。再说，家庭出身和长相并不能决定一个人的前途和命运。通过咨询，小王对自己有了信心，并准备报考某重点大学的研究生。

四、指导大学生进行重复的适应性自我对话

内部语言是人类思维过程中的一种特殊现象。一些学生由于缺乏适应性认知中介，对自己的行为缺乏积极的自我指导，习惯不断用内部言语重复某种不合理观念，进而无法排解心理困扰，并由此形成心理定势。所以，重复的适应性自我对话，其目的在于建立起大学生积极的自我信念或适应性认知中介。其关键在于重复，只要将这类积极信念重复地对自己阐明，并使其融入自己的信念系统，就能成为支

配其行为的规则。

案例四:小李是数学系大一新生,他说自己不喜欢上英语课,要不是怕被老师逮到,他就很可能逃课。他又说英语很重要,要是放弃,不但对找工作不利,而且还会影响自己取得学位证,所以对此很着急。通过交谈得知,他不喜欢上英语课是因为自己高考时英语考了全班倒数第一,而现在的英语老师上课时经常提问,自己好几次都回答不上来,所以现在就不喜欢上这门课。

分析:高考成绩在全班最差,便理所当然地认为自己很差,对自己没有信心。再加上几次问题都没有回答上来,更加强化了心中的负面想法。

通过几次讨论,咨询员指导其使用“自我对话”的方法:每次上英语课之前,自己对自己说“我虽然基础差了点,但我对自己有信心!我一定会坚持上好这节课的。”经过多次咨询,小李逐渐能在课堂上主动发言,虽然有的问题回答得不太准确,但他说“我相信自己。”

总之,不同的认知会产生不同的情绪体验,在校大学生的心理困扰与情绪困扰多由其不良认知产生。又由于其具有一定的自我调节能力,故认知辅导应采取个别或小组或班级等不同的积极引导形式,矫正其非理性的思想信念及思维方式。并帮助其修正认知结构,掌握归因方法,学会正确认知,掌握合理的认知策略,可不同程度地解除消绪困扰,从而提高大学生的心理素养,促进其健康发展。

第八章　中小学生认知情绪调节

第一节　中小学生情绪早期发展

情绪调节是儿童社会性发展的核心动力，是情感教育不可忽视的内容，是小学语文新课程标准中“注重情感体验”和“丰富自己精神世界”等目标实现的重要心理机制。在人类的毕生发展过程中，情绪随着年龄的增长会发生显著的变化。由于神经生理发育不成熟，人类婴儿的情绪更多表现为先天的基本情绪，这些情绪与其生理需要是否被满足直接相关。随着生理和心智的发展与成熟，情绪受社会文化因素的影响越来越大，由初级的基本情绪慢慢分化出复杂的社会情绪。

一、情绪早期发展的内容

情绪的早期发展包括以下 4 个方面：情绪体验的发展、情绪表达的发展、情绪理解的发展和情绪调节的发展。

有关情绪体验的心理学研究表明，婴儿在 5～6 周时开始出现兴趣和微笑，即社会性微笑；3～4 个月时开始出现愤怒和悲伤；6～8 个月时开始体验到对母亲等抚养者的依恋，并随之产生对陌生人的焦虑和分离焦虑等。大概在 1 岁半至 2 岁时，婴儿逐渐体验到羞愧、同情、自豪、内疚等社会情绪中的自我意识情绪。这些社会情绪的出现是婴儿社会化的结果，表明婴儿开始学习、掌握、利用社会文化规范评价自己的行为，从而产生复杂的社会性情绪体验。

脑科学的研究表明，2 岁之前是儿童社会情绪能力发展的重要敏感期。必须说明的是，情绪体验不等于情绪理解，体验到这些情绪并不意味着孩子已经能够完全理解这些情绪产生的原因和结果。因此，2 岁左右的孩子已经能够体验到复杂的自我意识情绪，自我意识开始萌芽，逐渐形成自己对周围事件的“朴素理论”，开始学会说“不”,这意味着儿童自我意识的萌芽。

有关情绪表达的心理学研究表明,儿童情绪表达发展的本质是对情绪表达规则的理解和使用,而情绪表达规则在不同的社会文化情境下差异很大,不宜照搬。由于脑中的边缘系统(大脑的原始区域,以杏仁核为情绪中枢)发育很快,2岁之前的孩子已经能够开始体验复杂的社会情绪,但由于额叶(大脑的控制中心)尤其是前额叶皮层和扣带回皮层的发育速度落后于边缘系统,所以还很难具备良好的理解和使用情绪表达规则的能力,造成了“可怕的2岁”现象。3~6岁之间,前额叶皮层和前扣带回皮层发展迅速,3~4岁的幼儿开始具备区分内外情绪的认知能力,可以控制自己的情绪表达来顾及他人的感受;6岁左右的幼儿开始能够掌握区分表面情绪和内心真实体验的技能。

从情绪体验和情绪表达的早期发展可以看出,2岁左右的孩子已经能够大致明白行为的对错,有些孩子甚至会故意做一些假的危险动作“调戏”父母。由于脑发育得不成熟,即使已经能够感受和体验自己的负性情绪,但是他们在情绪表达规则的理解和使用上严重不足,因此在生活中我们经常会看到2岁的孩子明知会犯错但依然如故,只好大呼“可怕的2岁”。

二、情绪理解的发展

情绪理解是指个体理解情绪的原因和结果的能力,以及应用这些信息对他人产生合适的情绪反应的能力。情绪理解是情绪交流和建立社会关系的前提,是个体发展和社会适应的基础。儿童情绪理解能力越强,越能产生合适的社会反应,越具有较强的社会交往能力和情绪适应能力。

从幼儿早期一直到进入小学前的这段时期,儿童对情绪内涵的理解和知识日益精细和复杂。由于情绪过程是一个包含多种成分的动态过程,Camras 和 Shuster 将情绪理解能力定义为理解这些情绪成分及其关系的能力。以往对儿童情绪理解的研究包括情绪表情的鉴别、对愿望和情绪关系的理解、对信念和情绪关系的理解、对真实和表面情绪的区分理解、对多重情绪的理解。

个体从出生开始,随着年龄的增长、生理的成熟与社会互动经验的增加,情绪理解能力日益成熟。情绪理解的发展与大脑发育成熟的时间顺序有关,因而全世界幼儿情绪理解发展的顺序大致是相同的。童年中期,孩子们开始有明晰的情绪过程概念,懂得情绪如何随着时间的推移逐渐消退,理解某种情绪与其原因的关系,知道个人背景、经历、性格如何产生独特的情绪反应模式。到10岁左右,儿童才能较好地区分真实感受和表面情绪；在对于多重情绪的理解方面，7 岁儿童能鉴别同一性质的情绪（例如都是消极情绪），9～10 岁的儿童开始认识到同一个事件可以同时诱发多种情绪，如学校放假时产生的既高兴（比如可以和家人出去玩）又难过（比如与老师和好同学分别）的情绪。青少年时期，情绪理解能力的发展与自我意识觉醒和人格成熟密切相关。青少年已经能够更好地理解情绪的原因，知道人际关系、自我反省和生存焦虑中情绪的复杂性，这些往往体现了青少年的矛盾情绪体验、情绪自我调控、人际经验和心理冲突。

三、情绪体验的发展

进入小学后，随着学校环境的改变、认知能力的提高，学龄儿童情绪的稳定性会逐步增强。情绪已开始逐渐内化，小学高年级学生已逐渐能意识到自己的情绪表现以及随之可能产生的后果，情绪的冲动性和易变性逐渐减弱，其基本情绪状态是比较平和的。学龄儿童的情感也日益丰富，随年龄增长分化出越来越多的情绪状态，并且继续出现一些高级情感，如道德感、尊重、怜悯等；情感指向的事物不断增加，越来越多的事物能够引起儿童的情感体验，包括集体生活中的事件。同伴之间的关系、老师之间的关系、学校班集体对个人的要求和评价等，都会引起学龄儿童复杂多样的情绪体验。

青春期是个体心理更复杂的时期，青少年开始内省个体的情绪体验，并且对他人（尤其是同伴）的情绪十分敏感，对情绪符号（如音乐）和情绪事件的感受十分强烈。青少年情绪由强烈的外部表现逐步转变为比较稳定的内心体验。青少年情绪体验的时间也有所延长，表现出心境化的特点，情绪体验的内容更加深刻丰富，社会性情绪占主导地位。与小学儿童和成年人相比，青少年情绪体验表现出波动性明显的特点，具有更多的极端而短暂的情绪。

四、情绪表达规则的理解和使用

Gross 和 John（1995；1997）将情绪表达定义为：和情绪体验相联系的典型的行为变化（包括面部的、言语的、体态的），比如微笑、大笑、皱眉、跑到屋外大叫或哭泣。作为社会性的一个方面，情绪表达和调节的方式总是因人而异的，但无论具体形式怎样，情绪表达都包括正性情绪的表达与负性情绪的表达以及正负情绪表达的强度。

情绪表达分为积极情绪表达、消极情绪表达和情绪表达强度 3 个维度。不同性别的学困生在情绪表达的3个维度上均不存在显著差异;男学困生在积极情绪表达方面比女学困生更加充分,而女学困生在消极情绪表达方面比男学困生更加充分(李丽菊 等,2014)。男生自古就被赋予一种阳刚、坚强的性格特点,因此更多的时候要求男生积极乐观;而女生更多地被赋予柔美和脆弱的性格特点,对于女生来说,遇到不如意时选择哭泣、发泄都是正常的表现,而且往往伴有强烈的表达。这种传统的观念通过家庭、学校和社会的教育不断地影响着小学生的情绪表达特点,这也体现出了小学生在情绪表达方面具有很强的社会性。

情绪表达规则的理解和使用能力主要涉及情绪表达规则知识、情绪表达规则目标以及情绪表达规则策略3个方面。情绪表达规则知识是指儿童根据具体情绪情境要求控制和调节各种外部情绪表情使其符合社会期望的知识,反映了儿童对情绪表达规则的理解。情绪表达规则目标是指儿童使用情绪表达规则控制和调节自己外部情绪表情的动机和目的。这是决定儿童情绪表达规则使用的主要因素,包括考虑他人感受的亲社会目标、维护社会规范和准则的社会规范目标和保护自尊、远离冲突的自我保护目标等。情绪表达规则策略是个体利用规则调节或改变外部情绪表情的方式,体现了儿童如何使用表达规则。情绪表达发展的一个重要方面是在不同社会情境下对情绪表达规则的理解和运用。例如,一个人不喜欢收到的生日礼物,但还要表现出高兴的样子。人们通过情绪表达规则的运用来掩饰真实的感受,采取更恰当的情绪以达到个人目标(如保护自尊)或符合社会规范(如避免伤害别人感情和维护人际关系)。

情绪表达规则的理解和使用能力是幼儿在社会化过程中逐渐发展起来的,较大的儿童并不完全具备这种能力。因此,较小的儿童可能会拒绝不喜欢的礼物,并表现出不恰当的行为。但自我意识情绪的出现表明学龄前儿童已经对情绪表达规则有初步的认识。大约在3到4岁,儿童开始出现区分内外情绪的认知能力,可以控制自己的情绪表达来顾及他人的感受。6岁左右,儿童掌握了表面情绪和内心真实体验的区分技能,这是和情绪表达规则理解有关的能力。但是,由于认知能力和社会能力发展的限制,儿童对情绪表达规则的理解直到小学阶段才得到快速发展,在9岁左右达到最快速的发展期(侯瑞鹤 等,2006)。童年中期是情绪表达规则理解的重要发展时期。儿童开始能够真正理解情绪表达规则的意义和目的。在随后的几年里,儿童对情绪表达规则的意义、适用范围和重要性的理解能力显著提高。儿童逐渐了解在什么情境下对谁应该表现出什么样的情绪,而不管自己内心真正的情绪状态如何。在有些社会情境中,人们会真实地表达出自己的真实情绪体验;而在另外一些社会情境中,人们可能会掩饰或伪装自己的真实情绪。同时,儿童也开始学会利用情绪表达规则来掩饰自己的真实情绪。小学之后,儿童对情绪表达规则的理解水平保持在相对稳定的水平。在这个过程中,儿童逐渐获得社会的情绪表达规则,并用以指导自己在特定社会情境下表现出被社会认可的情绪。

小学生情绪表达不充分,究其原因可以从以下3个方面分析:①社会文化方面。一个国家的社会文化直接影响本国学生社会性方面发展的特点。东西方不同文化教育背景下的小学生对情绪的表达存在显著的差异性,受东方文化熏陶的小学生更多地倾向于含蓄地表达自己的情绪,从而符合社会对其的期望和要求,这就造成了目前我国小学生情绪表达不充分、情绪表达强度明显偏低的现象。②学校和家庭方面。长久以来,应试教育的主导地位使得学校、教师和家长更多地把注意力集中在如何提高学生学习成绩的问题上,更加侧重于科学文化知识和学习方法技能的传授,而学生在社会性方面的发展没有得到足够的重视,没有开设正规的课程来引导和教育小学生应该如何正确地表达和调节自己的情绪,因此教育的缺失也就成为小学生情绪表达不充分的原因之一。③小学生年龄特点方面。小学阶段正处于个体从一个懵懂无知的幼儿向一个开始探索生活规则的少年转变的特殊阶段,他们开始接触社会,认识到不同身份的个体,同时由于生活学习中的各种经历也初尝人间百味。处在这样一个成长发展的初级阶段,小学生不仅缺乏一定的科学知识,更缺乏一定的社会性知识,所以他们不懂得如何正确合理地表达自己的情绪,往往就会造成情绪表达不充分等问题。

五、情绪调节的发展

情绪调节的发展遵循着一定的时间表,并在某种程度上反映了儿童的认知发展阶段。3岁是儿童情绪调节能力发展的里程碑,该时期儿童认知能力的快速发展促进了情绪调节能力的极大进步,儿童会更自如地运用各种策略。随着儿童年龄的增长,情绪调节逐渐从依赖外部资源向依赖内部资源转化,调节情绪的认知策略也逐渐增加。这些策略包括积极看待事物、认知回避和转移注意力的能力等。3岁儿童较多使用发泄、情绪释放策略;4岁儿童较多使用建构性策略,自我安慰策略减少;5岁儿童较多使用回避策略,认知重构策略的运用也逐渐增多。年龄大一点的孩子能够通过控制自己的面部表情在最大限度上减轻人际争执中消极情绪的扩大(比如避免冷笑或表现得轻蔑);8岁左右的儿童开始出现心理层面的情绪调节策略,如转移注意力或刻意否认等。

进入青春期,个体经历着更加持久而深刻的情绪变化。这在某种程度上反映了从儿童向成人的过渡过程中生理、认知和社会性方面的剧烈变化。因此,情绪调节表现出青春期的鲜明特征。在青春期,神经系统的兴奋和抑制过程逐渐平衡,与情绪相关的激素、神经系统在青春期发展完善,前扣带回皮层和前额叶皮层在青春期晚期趋于成熟。这些生理机制的成熟促进了情绪调节能力的发展。但是,由于经历了自身内在成长和外在环境的剧烈变化,个体情绪调节的发展也表现出强烈的波动性。总体来说,随着年龄的增长,情绪调节策略越来越需要认知的参与,认知在情绪调节方面的作用日渐突出。个体情绪调节的发展趋于稳定,也更加体现了个体的独特性。

第二节　中小学生情绪情感发展特点

情绪情感是人对客观事物与人的需要之间关系的反映。如果某件事物能满足人的需要,则会产生积极肯定的情绪情感,否则就会产生否定的情绪情感。随着生理的发育和心理的发展,中小学生的情绪情感发展表现出不同的特点。

一、小学生情绪情感发展的特点

(一)丰富而不稳定

进入小学后,学习成了小学生生活的基本内容,学校成了他们的主要活动场所。他们的生活接触面扩大了,新的活动、新鲜的事物使儿童的情绪情感内容变得丰富起来,而且在性质上也有所变化。入学前儿童的恐惧主要涉及个人安全和对动物的恐惧,而小学生的恐惧更多与学校生活有关,如害怕老师批评、同学嘲笑等。尽管小学生情绪情感内容日渐丰富,高级情感也逐步得到发展,但其情绪很不稳定,容易随情境的变化而迅速变化,特别是当他们遇到困难或挫折时,很容易出现情绪上的紊乱。

(二)单纯而外露

小学生表达出来的情绪通常是他们纯真心灵的自然流露,外在表现和内心体验是一致的。但小学生的情感表达往往带有较强的情境性,情感表达的方式单纯而外露,不善于掩饰。高兴时手舞足蹈,不高兴时垂头丧气。

(三)强烈而不易控制

低年级学生的情绪体验强烈而迅速,遇到较小的刺激就会表现出强烈的情感反应。如果家长没答应买某样东西,他马上大哭大闹,非买不可。这些都说明小学生对自己情感的调节和控制能力弱,头脑不够冷静,不能客观地分析问题,不能主动调整态度,这往往导致他们不能很好地对自己的情绪进行自我调节。

(四)自我中心

小学低年级学生一般都能体验自己的情感,对自己的喜怒哀乐体会深刻。但不善于理解,不能客观地评价和体验他人的情绪,不能站在别人的立场理解他人的感受。这容易造成小学生在与同学交往中给对方造成有意或无意的伤害。

二、初中学生情绪与情感发展的特点

(一)情绪的冲动性

初中学生的情绪体验丰富。他们的情绪反应来得快,平息得也快,维持的时间相对较短,尤其是在初中低年级学生身上,情绪易波动、冲动,调控力差。

初中学生的情绪反应很快达到激烈的程度。研究表明,无论是快乐的还是悲痛的情绪反应,或者是出乎意料的突然事件,都会因为中学生心理准备状况的不同,而出现反应强度上的差别,越是意外的、突然出现的诱发因素,导致的情绪反应也越强烈。初中生正处在青春发育期,富于激情,待人处世易受情绪的支配,一旦有了相应的环境,便容易迸发,而且反应强烈,大有"排山倒海"之势且难以调控,有的甚至走向极端。根据这个特点,我们对初中生情绪可能出现的极端情况要防患于未然。那种缺乏准备、突如其来的不良刺激,会使初中生产生强烈的情绪反应,降低理智水平,容易出现不顾后果的轻率行为。

(二)情绪的两极性

中学生情绪虽然强烈,但波动剧烈,两极性明显,很不稳定,情绪很容易从一个极端骤然转向另一个极端,特别是初中阶段,他们可能从对事物的强烈认同、肯定,忽然转向拒绝、否定;对他人强烈的爱,会因某些看法的矛盾或冲突而忽然转化为强烈的恨。情绪的两极性首先表现在初中学生对同一事物同时出现两种对立的内心体验。例如初中生面临考试,他感到既兴奋又不安,兴奋时带有跃跃欲试的心情,不安可能就是有一些担心,一旦考试结束,学生感到一阵轻松,而在轻松的同时，难免对成绩的好坏产生担忧。这种快乐与悲哀、愉快与忧愁、肯定与否定的情绪体验，从性质上说应该是相互排斥的、对立的，然而在初中生的情绪活动中却同时表现，而且显示出协调与统一。

情绪的两极性还表现在对于同一种情绪可能会出现两种对立的效能。例如，恐惧与焦虑的情绪，可能使初中生出现旺盛的斗志，增加他们活动的力量；也可能减弱初中生的活动力量，使其在情境面前手足无措而丧失斗志。情绪效能上的两极性，主要表现在增力与减力的不同作用，这是由初中生当时的心理准备状况所决定的。

这主要与这个时期中学生的认知发展特点有关。中学生观察事物虽然敏锐，但较片面，思维发展以感性概括水平为主，有待于上升为理性概括水平，他们的辩证思维、批判性思维还不成熟，因此看问题还带有明显的片面性、表面性，无法准确把握事物的本质属性和内在规律性联系，对事物的前因后果还无法作出明确的全面估计与判断，对自己的行为尚缺乏自控能力。

（三）情绪的外露性

初中生的情绪表现，喜怒哀乐常形于色。有经验的教师比较容易从初中生的表情、从学生对某一事物的态度来了解他们的内心世界。初中生敞开心扉接受大千世界带给他们的无穷无尽的信息，纯洁、天真、单纯是他们情绪活动的基本面，遇到高兴、欢乐的事情，他们毫无遮拦、开口大笑；遇到烦恼、伤心的事，他们紧锁双眉、哭丧着脸；一听到表扬，便沾沾自喜；一听到批评，便闷闷不乐。因而可以从初中生的面部表情、身体动作、语言声调上看出学生的情绪体验。所以初中生情绪的外露性为教师了解学生提供了方便。

不过，初中生随着年龄和年级的升高，到了初中高年级后，外露性的情绪特点也会随着他们内心秘密的增加而变得复杂起来，这时内隐的情绪活动就会慢慢增多。

（四）社会高级情感获得迅速发展

在独立感和成人感的驱使下，初中生的社会高级情感（如道德感、理智感和美感等）都获得了迅速发展。初中生在认识过程中理智感明显发展起来，主要体现在学习中：理智感强的初中生，学习兴趣浓厚，认识活动深刻，求知欲强，追求真理的兴趣浓厚。美感在初中生的情感发展中是相对迟缓的情感，受文化教育的影响，初中生一般已经开始注意自己外表的美化，并力求做到外表美和内心美的统一。初中生由于学习内容的增加，参加社会活动的范围广泛，对世界观的问题开始重视，因而他们的情感与政治、社会生活的关系越来越密切，对于自身的责任感也日益明晰。初中生热烈地参与学校、班级的集体活动或社会活动，具有强烈的责任感和义务感，他们在为理想的目标和崇高的道德行为进行努力并作出自己的贡献的同时，会产生深刻的情感体验。

大量研究证明，情绪对学生的身心健康有重要影响。耶基斯－多德森定律揭示了情绪程度对学生作业影响的基本规律。同时，学生情感的特点对其学业、品德及身体健康也会产生持久的影响。

由于情绪情感对学生各个方面的重要影响，又由于青少年中出现大量“情感危机”的心理问题，所以，加强情绪情感的辅导和教育成为现今学校教育较为重视的课题。为使个体情感得到深化和升华，预防“空虚”“厌倦”“焦虑”“恐怖”“低层次实惠性”等不良情绪和情感危机出现，必须在初中教育中及时进行情感深化工作，并通过各种活动让初中生掌握认识和调控自己情绪的技巧。

三、高中生情绪情感的发展特点

（一）情绪体验强烈和两极性突出

高中生的情绪体验是强烈的，对生活和活动充满热情和激情，高兴时欢快地跳跃起来，不满时义愤填膺。他们活泼愉快、朝气蓬勃，对五彩缤纷的现实生活和闪闪发光的中学时代信心满怀，对未来的生活充满了遐想。

青年对社会生活、对人生已有了一些初步的认识，因此对符合自己的信念、观点和理想的事件或行为，会迅速产生积极的情绪；对于不符合自己的信念、观点和理想的事件或行为，则迅速发生否定的情绪。有时他们也会发生盲目的狂热，不计后果地冲动，以致做出一些蠢事或坏事，而一旦遇到失败又会灰心丧气。

高中学生情绪的这种两极性变化，主要是由个体不断增长的需要与现实生活的矛盾引起的，而不论过分乐观或者过分苦恼，又都与他们的思维与意志力发展的水平分不开。青年人的需要（包括观点、信念），有时是合理的，有时是不切实际的，甚至是不正确的。现实生活本身同样既具有合理的成分，也有不合理的因素，当这两方面一致时，就会引起青年的欢乐、满意。但事实上二者经常是不一致的，因而也会使青年不时地产生不满或消极的情绪，特别是当青年对社会生活及其合理性缺乏正确的估计,而又坚持己见时,这种摇摆于两极的情绪就更加强烈、更加明显。此外,由于性激素的分泌增加了下丘脑部位情绪定位部分的兴奋性,一般的刺激也会引起更大的兴奋,而大脑皮层对于处于兴奋性亢进的下丘脑的神经过程,暂时难以完全控制,也会使青年的情绪带有更大的冲动性和爆发性。

(二)情绪体验的延续性和心境化

在初中阶段,学生的情绪容易激动且外露,情绪活动延续时间较短,但到了高中阶段,情绪爆发的频率降低,作为心境的延续时间加长,再加上情绪的控制能力提高,因此情绪体验的时限延长、稳定度提高。例如,幼儿发怒不超过 5 分钟,而高中生可长达数小时,甚至有的情绪体验可长期影响学生成长,并可改变一个人的个性特征。

高中生已经具有一定程度的集体感和自尊心,它们是与稳定的集体观点或自我观念相联系的,因而凡是涉及这些观念的情绪体验都会有较长的延续性。高中学生对自己在班级同学关系中的地位,对于学习成绩、友谊、集体的成就等都是很关心的,因此由这些方面的成败所造成的情绪体验,与儿童、少年相比,往往有较长时间的延续性从而形成心境。青年在某一方面得到满足时的快乐和高兴的情绪会延续成为良好的心境;由于挫折或失败引起的不快或苦恼的情绪也会延续较长的时间,而成为闷闷不乐的不良心境。这种不良心境如果延续下去,发生移情作用,不仅会影响人际关系,也会影响青年自己的身心健康发展,因此,它也需要成人给予关注或加以疏导。

(三)情感的文饰、内隐和曲折性

随着自我意识的逐渐成熟,中学生情感情绪的自我认知、自我观察、自我体验、自我监控的能力逐渐增强,他们逐渐学会控制自己的情感表现和行为反应。他们既表现出强烈的情绪情感反应,对外界事物的喜怒哀乐喜形于色,淋漓尽致地抒发他们的内心感受;又能逐渐掩饰、压抑自己的情绪,使这种情绪的表露往往带有很大的伪饰性,并逐渐学会用理智控制自己的情绪反应。他们逐渐认识到,情绪的任意发泄和冲动,对达到自己的目的不但没有帮助,反而会影响同他人的关系。中学后期的学生开始对冲动的情绪进行克制和忍耐,情绪反应的强烈程度逐渐降低,情绪的波动性逐渐减少,他们能根据一定的条件或目的表达自己的情绪,形成外部表情与内心体验的不一致性。如在一定的情况下,他们对感到厌烦的事,常常故意表现出无所谓，甚至还很热心；有时对于自己喜爱的活动，会表现出不关心；对于自己羡慕和内心中很想接近的人，在行为上反而表现冷淡。这说明高中生的社会适应能力增强，能够依据条件来调节与控制自己的情感。

青年期情感的文饰性和内隐性，也表现在对待异性的关系上，出现了所谓内心的隐秘。中学生大约到初二以后，男女同学之间的关系就显得不太自然了。青少年期生理机能的成熟和社会生活中男女情谊的影响，使他（她）们意识到爱情问题，产生了对异性的爱慕之情。有些青少年学生在中学时代甚至会出现早恋现象。对于这种现象，父母和教师要善于鉴别他（她）们心中的隐秘，抓住时机，教育他（她）们不要过早地把精力花费在这方面，而影响学习和身心的健康发展。

（四）情感的社会性加强

高中生和初中生相比，知识面拓宽，辩证思维进一步发展，情绪经验的积累和对这些情绪经验的概括，使得高中生的社会性情感日益丰富。他们对时事政治与民族前途的情感体验，对人与人之间关系的情感体验，对自己前途与祖国未来关系的情感体验，对升学、就业的情感体验等，在他们的精神生活中占有显著位置。

中学生情感的社会性还表现在他们对友谊的选择变得更有思想基础，而中学生的友谊既建立在共同的情绪体验、思想意图和共同兴趣上，也建立在对个性品质的评价上，这种友谊往往能保持相当长的时间。高中生时期，两性爱情开始萌芽。

在理智感发展上，高中生学科的兴趣分化更明显，他们能够结合自己的志向，产生与兴趣、志向相联系的情感体验，并把这种情感变成一种学习的动力，更深入、主动地扩大自己的知识面，从中感受到快乐。

高中阶段是美感发展的主要时期。由于知识经验的增长、思维水平的提高、道德观念的逐渐成熟，对美的追求更加广泛，美感体验也逐渐深刻。他们能注意把握美的内在质量，注意到心灵美的重要性。高中生追求青春美的意向非常明显，无论男女都注意自己的容貌、身高、体态等。高中生对人体美的理解也比初中生更加深刻，他们更注重人的内在美与外在美的和谐统一。

道德情感发展方面，中学生的爱国主义情感、集体主义情感、义务感、责任感、正义感、集体荣誉感等复杂的道德情感都得到了很快的发展。当他们违反自己所接受的行为准则时，就会引起痛苦的内疚感。他们关心集体、维护集体的利益，认真完成集体的委托，并尽自己最大的努力为集体争取荣誉。

第三节　中小学生认知情绪调节策略

认知情绪调节是情绪心理学领域研究的热点问题,认知情绪调节的正常发展是儿童心理健康的核心内容和重要保证,而认知情绪调节困难是儿童心理异常或情绪障碍的核心症状。

一、认知辅导的情绪智力理论

美国的 Salovey 和 Mayer 把情绪智力修订为由 3 种能力组成:

(1)区分自己和他人情绪的能力。

(2)调节自己和他人情绪的能力。

(3)运用情绪信息去引导思维的能力。

这项研究表明:在工作绩效上取得最好成绩的人,不是那些具有高智商的人,而是那些情绪传递能得到回应的人。只有能够敏锐地知觉他人情绪、善于控制自己情绪的人,才能可能取得成功。

1996 年,他们又将其修订为 4 项内容,并详加解释:

第一,情绪的知觉评估与表达能力。即辨认自己和他人情绪的能力,区分情绪表达的准确性和真实性的能力。

第二,思维过程中的情绪促进能力。即情绪思维的引导力,情绪对判断与记忆过程产生积极作用的能力。情绪的起伏变化是个体从多角度进行思考的结果。

第三,理解与分析情绪,可获得情绪知识的能力。即理解情绪所传递意义的能力,分析情绪产生原因的能力。

第四,对情绪进行成熟调节的能力。即成熟的监察与自己和他人有关的情绪的能力。

二、儿童认知调节策略的发展

在 Gross 等人以本科生为对象的研究中,男性在表达抑制分量表上的得分显著高于女性,而认知重评分量表上的得分没有发现性别差异。3 ~ 5 年级小学生,女生在认知重评分量表上的得分显著高于男生,而在表达抑制分量表上的得分则没有表现出性别差异。儿童情绪调节快速发展的时期是在小学阶段。因为情绪调节的生理基础是前额叶,而在小学阶段,儿童的前额叶皮层得到迅速地增长。因此,也有可能是情绪调节在两性的不同年龄段上有不同的表现。

小学高年级学生自我意识进一步发展,情绪体验更加丰富,情绪易波动是这个时期儿童的特点。五年级学生最常使用的情绪调节策略为压抑(控制自身表情行为,不让自己的情绪暴露出来)和情绪表达(通过情绪表现、宣泄、哭泣等方式表达出自己的情绪)。其次分别为改变认知(对事件进行重新解释或评价)、转移注意(将注意焦点从事件中转移至其他方面)和寻求帮助(向别人寻求情感上的支持或帮助解决问题)。

9～11岁是儿童认知情绪调节策略发展的关键期;8～12岁儿童使用积极重评策略能够有效调节积极情绪,LPP可以作为儿童积极情绪调节的脑电指标;8～12岁儿童使用认知重评调节积极情绪具有性别和年龄差异。男生较女生体现出更大的LPP波幅。12岁儿童使用积极重新评价策略更能有效地调节积极情绪。陈亮(2016)在8～12岁儿童认知情绪调节的发展特点、相关影响因素及神经机制研究中发现,在女生群体中,重新关注计划和积极重新评价的使用频率显著高于积极重新关注,而在男生群体中却没有发现这种差异。

认知情绪调节策略的性别差异同样受到遗传和环境等因素的影响。根据巴甫洛夫的观点,气质的生理机制是建立在神经系统的假设特性之上的,包括兴奋性、抑制性和灵活性。研究表明,气质的兴奋性存在性别差异,男生的气质兴奋性高于女生。男生气质兴奋性高,可能过多地表现在脾气暴躁,甚至产生攻击行为;而女生气质兴奋性高,可能只产生一些消极行为,如哭闹等,但不会对其他个体产生影响,因此女生在积极情绪调节策略的使用上要高于男生。此外,台湾学者洪兰教授认为,男女脑结构的不同导致处理讯息的方式不同,以及情绪表达方式的差异。

在小学,三到五年级是儿童认知情绪调节发展的关键时期,在这个时期内对儿童进行认知情绪调节的培养和不适应性认知情绪调节的干预会有较好的效果。在发展关键期,儿童前额叶皮层快速成长,儿童的认知能力快速发展,与外界的互动能够促进儿童认知情绪调节的发展,所以教师要在这个时期更加注意提高儿童适应性情绪调节的使用频率,抑制儿童不适应性认知情绪调节的使用。

对中小学生进行认知情绪辅导的一个重点就是帮助他们掌握不同的情绪调节策略,并且引导他们掌握灵活使用情绪调节策略的能力。常见的情绪调节策略可以分为原因调节策略和反应调节策略两大类型。

三、情绪的原因调节策略

根据 Gross 的情绪调节过程模型,中小学生情绪的原因调节策略包括以下几种。

(一)回避策略

回避策略也叫情境选择策略(situation election strategy),是一种常见的情绪调节策略,是人们通过选择有利情境、回避不利情境来实现的。当人们在面临冲突、愤怒、恐惧、尴尬、窘迫等情绪时,运用这种策略非常有效。例如,中学生可能会基于以往的经验选择回避那些可能会带来焦虑或者尴尬体验的情境,他们可能会回避在课堂上主动发言或者当众演讲;可能在与某些同学出现冲突之后,有意识地回避与这些同学的接触。虽然回避策略确实可以帮助中学生避免再次体验消极情绪,但如果这种回避被泛化到其他相似的情境时,就有可能会阻碍他们克服这个困难和受情境影响的可能性。例如,一个因一次课堂发言失败而感到尴尬与害羞的学生,如果选择回避所有的课堂发言,他就失去了体验下一次在课堂成功发言带来的喜悦和提升自信的机会。

(二)情境修正策略

情境修正策略(situation modification strategy)是比回避策略更积极的策略,是人们通过改变情境中的各种外在的不利事件来调节情绪的策略。例如,在一次班级集体活动时,为了活跃班级气氛,李老师突然点名一位同学独唱,此时,该生可能会因此而感受到紧张与不安。如果该生用幽默的方式将这个任务转化为全班合唱,此前他体验到的紧张与不安就会降低,而班级的整体氛围也可能会因此变得更热闹与轻松。由此可见,情境修正策略是一种强有力的外在情绪调节策略,是对产生某种情绪的情境进行本质上的改变。

(三)注意转换策略

注意转换策略(attention conversion strategy)包括分心和专注 2 种策略。

1. 分心

分心是指将注意集中于与情绪无关的方面,或者将注意从目前的情绪中转移。例如,中学生在听课时如果遇到了听不懂的内容,就可能会产生焦虑的情绪。有些学生可能会分心。将注意力转移到与课程无关的内容上,而不再将注意力集中在那些会引发焦虑的课程内容上。

2. 专注

专注是指对情境中的某一个方面长时间地集中注意，这也是个体可以努力实现的一种自我维持的卓越状态。可以通过一些日常可操作的正念练习来提升学生的专注力。

（四）认知重评策略

认知重评策略（cognitive reappraisal strategy）发生在情绪出现的早期，是个体从认知上重新评价当前事件的重要策略。例如，当学生遭遇考试失利时，如果认为考试的失败证明了自己的能力不足，就会由此产生沮丧、懊恼的体验，并会反复责备自己；但如果他能够重新评价这次考试的失利，看到考试的题目确实很难，超出了自己准备的范围，而且其他人也没有考好，他就不会将一次的失败作为自己能力的体现。经过认知重评，他虽然还可能体会到沮丧的情绪，但强度会降低，并且较少自责，会总结经验，为下次考试做更充分的准备。认知重评策略可以减少负性生活事件对中学生心理健康的不利影响。国内学者通过实验研究发现，认知重评策略可以降低中学生遭遇的社会排斥对他们的羞耻感的影响，从而阻止他们用自伤行为来降低羞耻感的行为。因此，学会使用认知重评策略，有助于帮助中学生从更积极的视角去审视消极情绪，更理性地看待事件，减少消极情绪体验。教师可以预设情绪性事件情境，让学生模拟应对这些情境的行为，引导他们找到不合理信念，重新评估信念，主动分析更有效的评价方式。教师作为有更多生活经历的长者，可以为学生提供认识问题的更多的视角，让他们认识到世界上的事情都不是单方面的。在帮助学生澄清事情时，教师需要注意引导学生自己分析，自己重新评价，提供选项让学生自己思考，而不是将自己对事情的看法强加给学生。

（五）接纳

接纳是指人们将积极情绪体验和消极情绪体验都看成人的情感的必要组成部分，特别是对消极情绪体验能够接受而不排斥。发自内心地接纳自己的情绪体验，意味着给予各种情绪合理发展的空间。中学生学会接纳自己的情绪，意味着他们可以认识到自己所处的年龄阶段确实会经常体验到波动起伏的情绪，这是正常的。更重要的是，教师应该帮助他们了解到作为一个正常人，就会拥有丰富的情绪体验，无论是快乐、兴奋，还是紧张、害怕。但接纳并不等于“忍受”，而是作为一个人，我们所体会的所有感受为我们更好地了解自己提供了宝贵的机会。

四、情绪的反应调节策略

随着中学生的年龄的增长，他们的情绪表现逐渐从外露向内隐过渡。这意味着他们的情绪反应调节策略既包括情绪抑制，又包括情绪表达。

（一）情绪抑制

虽然在一定程度上对消极情绪的表达进行抑制会让中学生获得他人的好感，但抑制这种情绪调节策略实质上会对情绪体验产生综合性的影响。研究认为，抑制会降低个体的积极情绪体验，但对消极情绪体验没有改善。在中国文化中，虽然抑制能够有效降低消极情绪体验，但长时间的抑制会消耗个体更多的认知资源（袁加锦等，2014）。当个体因监控自己的面部表情和声音信号而分散了对正在进行交流的同伴的情绪信息的注意时，抑制会对社会沟通和社会互动产生消极影响，导致个体在社会交往中表现出孤立、退缩和排斥行为。

（二）情绪表达

采用恰当的表达方式是成功调节情绪的关键。在人际交往中，情绪调节能力强的个体并不完全压抑自己的情绪，而是能够灵活地采用适合的表达方式对情绪进行调节。当一种情绪袭来时，不能过分压抑，要找到合适的渠道，适当宣泄出来。被压抑的情绪是不可能自动消失的，它会“改头换面”潜伏下来。久而久之，会导致一个人身心失衡。但是，情绪的表达常常受到社会规范的影响，一些不被社会规范和个人接纳的情绪往往不被允许表达。例如，在东方文化中，人们普遍认为愤怒的情绪会造成破坏性的效果，故而优秀的学生常会认为自己不应该表现出消极情绪，因为这与他们好学生的身份不符，所以他们可能会选择压抑自己的消极情绪体验，也更容易体验到强烈的孤独感，甚至可能因为消极情绪的不断累积而出现微笑型抑郁的困扰。教师需要注意这些潜移默化的社会规范对中学生情绪表达的影响，以不伤害他人与自己为原则，引导他们合理宣泄情绪（伍新春 等，2022）。

附录：认知控制与情绪调节相关测评工具

情绪调节量表

下面是一些与您情绪生活有关的描述，主要关注的是您如何对待自身情绪。每一个描述都有从完全不同意到中性，再到完全同意7种不同的选项，请仔细阅读每一个描述，再结合自己的实际情况，选择一个最能代表自己看法的选项，并在相应的选项上打“√”。

数值的意义如下：1 = 完全不同意；2 = 很不同意；3 = 有点不同意；4 = 中性；5 = 有点同意；6 = 很同意；7 = 完全同意。请依次对下列陈述做出回答。

项目	完全不同意	很不同意	有点不同意	中性	有点同意	很同意	完全同意
1. 当我感到快乐的时候，我会尽量不表露出来。	1	2	3	4	5	6	7
2. 当面临一个会令我愤怒的情境时，我会改变自己看待问题的方式以减轻自己的愤怒。	1	2	3	4	5	6	7
3. 当我悲伤的时候，我会抑制这种情绪，不让他人知道我的真实感受。	1	2	3	4	5	6	7
4. 我不会表露我的情绪。	1	2	3	4	5	6	7
5. 我会改变自己思考问题的方式，来减少自己对某人或某物的厌恶感。	1	2	3	4	5	6	7
6. 当感到恐惧的时候，我不会让自己的情感表露出来。	1	2	3	4	5	6	7
7. 我会改变自己理解情境的方式，控制自己的情绪。	1	2	3	4	5	6	7
8. 当我感到愤怒的时候，别人从表面上不会知道我内心很愤怒。	1	2	3	4	5	6	7
9. 当面临一个会令我悲伤的情境时，我会换一个角度来思考问题以减轻自己的悲伤。	1	2	3	4	5	6	7
10. 我会尝试着改变自己对周围环境的看法来使自己快乐一些。	1	2	3	4	5	6	7

续 表

项目	完全不同意	很不同意	有点不同意	中性	有点同意	很同意	完全同意
11. 我会通过不让情绪表达出来的方式，控制自己的情绪。	1	2	3	4	5	6	7
12. 当面临一个会令我恐惧的情境时，我会改变自己对情境的看法以减少自己的恐惧感。	1	2	3	4	5	6	7
13. 我会改变自己思考问题的方式，来调节自己的情绪。	1	2	3	4	5	6	7
14. 当我厌恶某人或某物时，我会抑制这种情感，不让它表露出来。	1	2	3	4	5	6	7

评价重视测评（乱句重组任务一）

请选出四个词组成一个符合语法的句子，并标出序号。

例如：①新的 ②她 ③理发 ④剪了 ⑤发型

答案：②④①⑤

序号	项目					答案
1	①沉思	②他	③屡次	④陷入	⑤无论	
2	①感同身受	②我们	③遭遇	④对	⑤他的	
3	①时	②夜色	③降临	④当	⑤海水	
4	①同情	②赛场上	③不	④需要	⑤开始	
5	①我	②球	③向上	④扔给	⑤把	
6	①感受	②用心	③去	④差异	⑤生活	
7	①纠缠不休	②对	③推销员	④他	⑤混乱	
8	①他	②蹲下	③五元钱	④捡到	⑤制造	
9	①陷入	②瘫痪	③交通	④状态	⑤雨水	
10	①身临其境	②观众	③仿佛	④电影	⑤特技	
11	①购买	②她	③一幅	④开心	⑤油画	
12	①置身其中	②恍如	③仙境	④游客	⑤迷宫	
13	①忘我	②他	③境界	④工作	⑤地	
14	①的	②训练	③已经	④结束	⑤了	
15	①公司	②风险	③资金	④巨额	⑤投入	

评价忽视测评(乱句重组任务二)

请选出四个词组成一个符合语法的句子,并标出序号。

例如:①新的　②她　③理发　④剪了　⑤发型

答案:②④①⑤

序号	项目					答案
1	①联想	②创业	③思考	④需要	⑤冷静	
2	①人口	②如何	③控制	④膨胀	⑤素质	
3	①时	②夜色	③降临	④当	⑤海水	
4	①厂家	②质量	③商品	④忽视	⑤代价	
5	①我	②球	③向上	④扔给	⑤把	
6	①问题	②看待	③理智	④地	⑤猜测	
7	①观众	②现实	③主义	④小说	⑤反映	
8	①他	②蹲下	③五元钱	④捡到	⑤制造	
9	①分析	②警方	③罪犯	④笔迹	⑤潦草	
10	①有条不紊	②迎新	③工作	④大学	⑤抽空	
11	①购买	②她	③一幅	④开心	⑤油画	
12	①物价	②努力	③文件	④稳定	⑤政府	
13	①纠纷	②回避	③家庭	④他	⑤吵架	
14	①的	②训练	③已经	④结束	⑤了	
15	①客观	②地	③评价	④电影	⑤座位	

表情宣泄测评(乱句重组任务三)

请选出四个词组成一个符合语法的句子,并标出序号。

例如:①新的②她③理发④剪了⑤发型

答案: ②④①⑤

序号	项目					答案
1	①尽情	②经典	③放纵	④地	⑤生活	
2	①情绪化	②女性	③比较	④容易	⑤建议	
3	①时	②夜	③降临	④当	⑤海水	
4	①耗费	②更多	③运动	④能量	⑤消费	
5	①我	②球	③向上	④扔给	⑤把	

续表

序号	项 目					答案
6	①宣泄	②合理	③电视	④学会	⑤压力	
7	①淋漓尽致	②情绪	③无限	④得	⑤表达	
8	①他	②蹲下	③五元钱	④捡到	⑤制造	
9	①表情丰富	②可爱	③小演员	④十分	⑤天赋	
10	①冲动	②地	③个性	④比较	⑤他	
11	①购买	②她	③ 一幅	④开心	⑤油画	
12	①对手的	②表露	③弱点	④无疑	⑤可能	
13	①自由奔放	②旋律	③歌曲	④这首	⑤渴望	
14	①的	②训练	③已经	④结束	⑤了	
15	①马丁的	②演讲	③激情	④充满	⑤成就	

表情抑制测评(乱句重组任务四)

请选出四个词组成一个符合语法的句子,并标出序号。

例如:①新的②她③理发④剪了⑤发型

答案:②④①⑤

序号	项 目					答案
1	①隐瞒	②真实	③年龄	④她	⑤美	
2	①限制	②家长	③小孩	④电脑	⑤上网	
3	①时	②夜色	③降临	④当	⑤海水	
4	①有限	②访问	③权限	④的	⑤无法	
5	①我	②球	③向上	④扔给	⑤把	
6	①控制	②中心	③疫情	④有效	⑤得到	
7	①封闭	②弱点	③进行	④训练	⑤队员	
8	①他	②蹲下	③五元钱	④捡到	⑤制造	
9	①克制	②呼吁	③外交部	④双方	⑤事件	
10	①忍耐	②长久的	③是	④爱	⑤心	
11	①购买	②她	③一幅	④开心	⑤油画	
12	①压抑	②面子	③情绪	④一直	⑤我	
13	①善于	②动物	③的	④伪装	⑤自然	
14	①的	②训练	③已经	④结束	⑤了	
15	①面无表情	②他	③望向	④步伐	⑤远方	

指导语执行程度检验

请根据下面的五句话,用0~5这6个等级评价一下您在观看影片过程中的想法和做法。请仔细阅读每一个描述,再结合自己的实际情况,选择一个最能代表自己看法的选项,并在相应的选项上打"√"。

"0"表示完全不符合;"1"表示稍微有一点符合;"2"表示较低程度的符合;"3"表示中等程度的符合;"4"表示较高程度的符合;"5"表示完全符合。

序号	指导语	评分等级				
		1	2	3	4	5
1	观看影片时,我想象自己是影片的主角或就在现场,亲眼看见影片中的一切,甚至像发生在自己身上一样。					
2	我是以冷静的旁观者的角度来观看影片的,因为我知道影片中的画面是电影技术和道具构成的,全都不是真的。					
3	观看影片时,我充分宣泄了当时的内心体验,并且在表情或身体动作上表达出来了。					
4	观看影片时,我没有将情绪表达出来,尽量掩饰了自己的表情和动作,我相信其他人从表面上看不出我的情绪。					
5	我观看影片时表现与上述四项描述都不相同。					

情绪报告表

以下是12个描述情绪的形容词,每个形容词后面连着5个表达情绪感受变化的等级。请按照您现在的情绪状态对以下12个词进行评价,并在相应的情绪程度等级上打"√"。

从0到5表示感受程度逐渐增加。"0"表示对该情绪一点儿感受也没有;"1"表示只有很少的一点点情绪感受;"2"表示比较低的情绪感受;"3"表示中等程度的情绪感受;"4"表示比较高的情绪感受;"5"表示您感受到在以往生活中所感受到的该情绪的最大量。

<table>
<tr><th rowspan="2">序号</th><th rowspan="2">情绪词</th><th colspan="5">情绪程度等级评分</th></tr>
<tr><th>1</th><th>2</th><th>3</th><th>4</th><th>5</th></tr>
<tr><td>1</td><td>愉快</td><td></td><td></td><td></td><td></td><td></td></tr>
<tr><td>2</td><td>愤怒(恨)</td><td></td><td></td><td></td><td></td><td></td></tr>
<tr><td>3</td><td>厌恶(恶心)</td><td></td><td></td><td></td><td></td><td></td></tr>
<tr><td>4</td><td>兴趣</td><td></td><td></td><td></td><td></td><td></td></tr>
<tr><td>5</td><td>悲伤</td><td></td><td></td><td></td><td></td><td></td></tr>
<tr><td>6</td><td>惊奇</td><td></td><td></td><td></td><td></td><td></td></tr>
<tr><td>7</td><td>恐惧(怕)</td><td></td><td></td><td></td><td></td><td></td></tr>
<tr><td>8</td><td>蔑视</td><td></td><td></td><td></td><td></td><td></td></tr>
<tr><td>9</td><td>尴尬</td><td></td><td></td><td></td><td></td><td></td></tr>
<tr><td>10</td><td>满意</td><td></td><td></td><td></td><td></td><td></td></tr>
<tr><td>11</td><td>痛苦</td><td></td><td></td><td></td><td></td><td></td></tr>
<tr><td>12</td><td>紧张</td><td></td><td></td><td></td><td></td><td></td></tr>
</table>

参考文献

傅小兰,2015. 情绪心理学[M]. 上海:华东大学出版社:42 – 46,184 – 194.

詹姆斯·格罗斯,2011. 情绪调节手册[M]. 桑标,等译. 上海:上海人民出版社:12.

乐国安,2002. 咨询心理学[M]. 济南:山东教育出版社:290 – 299.

李美华,2014. 新编心理学[M]. 沈阳:东北大学出版社:142 – 145.

孟昭兰,2005. 情绪心理学[M]. 北京:北京大学出版社:178 – 179.

莫雷,2014. 心理学[M]. 北京:北京大学出版社:207 – 209.

彭聃龄,2018. 普通心理学[M]. 北京:北京大学出版社:369 – 371,379 – 382.

彭小虎,2012. 小学生心理辅导[M]. 上海:华东师范大学出版社:108.

桑标,2012. 儿童发展心理学[M]. 北京:高等教育出版社:243.

苏珊·艾尔斯,理查德·维泽,2019. 医学心理学[M]洪炜,等译. 北京:商务印书馆:27 – 29.

伍新春,臧伟伟,2022. 中学生心理辅导[M]. 北京:高等教育出版社,(2):101 – 103.

徐俊冕,季建林,1999. 认知心理治疗[M]. 贵阳:贵州教育出版社:1 – 534.

张宏如,2004. 当代大学生心理学[M]. 北京:首都经济贸易大学出版社:365 – 368.

郑日昌,1999. 大学生心理卫生[M]. 济南:山东教育出版社:118 – 119.

蔡阿燕,杨洁敏,许爽,等,2016. 表达抑制调节负性情绪的男性优势——来自事件相关电位的证据[J]. 心理学报,5:482 – 494.

曾兴华,2007. Gross 情绪调节同感过程模型理论对学校心理健康教育的启示[J]. 黑龙江教育学院学报,26(9):59 – 61.

陈安涛,2019. 认知控制基本功能的神经机制[J]. 生理学报:71(1):149 – 155.

陈琴,王振宏,2014. 认知重评策略与生活满意度:情绪和心理韧性的多重中介效应[J]. 中国临床心理学杂志,22(2):306 – 310.

陈亮,2016. 8 – 12 岁儿童认知情绪调节发展特点、相关影响因素及神经机制[D]. 大连:辽宁师范大学.

陈婷婷,2022. 中学生自我宽恕、情绪调节策略与状态焦虑的关系及教育建议[D]. 天津:天津师范大学.

程利,袁加锦,何媛媛,等,2009. 情绪调节策略:认知重评优于表达抑制[J]. 心理科学进展,17(4):730 – 735.

迪拉热·伊德日斯,2023. 大学生正念与认知重评策略对情绪弹性及认知成本的影响研究[D]. 重庆:西南大学.

杜若飞,2023. 高、低认知控制容量个体的情绪调节差异分析[D]. 天津:天津大学.

杜幼红,连天星,马伟娜,2020. 刺激强度对小学儿童情绪调节策略选择的影响[J]. 杭州师范大学学报,19(1):35-40.

范宁,张晨,靖淑针,2022. 不同认知资源下情绪调节策略对道德决策的影响[J]. 应用心理学,28(5):473-480.

高伟,陈圣栋,龙泉杉,等,2018. 情绪调节研究方法的蜕变:从有意情绪调节到自动化情绪调节[J]. 科学通报,63(04):415-424.

侯瑞鹤,俞国良,2006. 儿童对情绪表达规则的理解与策略的使用[J]. 心理学科学,29(1):18-21.

贺秀珍,2005. 青海大学生认知与情绪相关研究[D]. 西宁:青海师范大学.

胡哲,李昀,谢威士,2019. 高中生情绪调节能力、情绪调节策略和流体智力的关系研究[J]. 淮南师范学院学报,21(05):115-119.

黄红嫚,2012. Gross 情绪调节过程模型及其应用——以认知改变为例[J]. 韶关学院学报:社会科学版,33(1):153-155.

黄丽,杨廷忠,季忠民,2003. 正性负性情绪量表的中国人群适用性研究[J]. 中国心理卫生杂志,17(1),54-56.

黄敏儿,2001. 情绪调节过程与个体差异[D]. 北京:首都师范大学.

黄敏儿,郭德俊,2000. 情绪调节的实质[J]. 心理科学,23(1):109-110.

黄敏儿,郭德俊,2002. 原因调节与反应调节的情绪变化过程[J]. 心理学报,34(4):371-380.

霍瑞,2020. 认知控制在情绪调节过程中的作用分析及应用初探[D]. 天津:天津师范大学.

蒋军,陈安涛,张蔚蔚,等,2012. 无意识信息引发的认知控制及其神经机制[J]. 心理科学进展,20(10):1573-1584.

黎翠红,何旭,郭春彦,2014. 工作记忆训练的研究述评[J]. 心理与行为研究,12(03):407-412.

李含笑,龙泉山,陈安涛,等,2019. 奖赏动机对情绪调节的影响[J]. 生理学报,71(4):562-574.

李静,卢家楣,2007. 不同情绪调节方式对记忆的影响[J]. 心理学报,39(06):108-109.

李丽菊,施灿权,2014. 小学生正负性情绪特点及其与学业成绩的关系[J]. 中国学校卫生,35(1):111-112.

李萍,2017. 分心和表达抑制策略对不同强度情绪的调节效应. [D]. 大连:辽宁师范大学.

李文娟,2022. 基于脑成像和神经调控技术的情绪调节机制研究[D]. 成都:电子科技大学.

李永跃,2018. 情绪调节策略对初中生记忆中性材料的影响[D]. 天津:天津师范大学.

连海鹏,曹丹,李颖洁,2020. 成功实施情绪认知重评策略的脑电特征[J]. 生物医学工程学杂志,37(4):579-586.

梁会,2021. 认知重评与创造性思维的关系:认知控制的调节作用[D]. 重庆:西南大学.

林小鹭,2012. 有意和自动情绪调节对抑制能力的影响研究[D]. 福州:福建师范大学.

刘芳,2020. 认知控制在情绪调节过程中的作用分析及应用初探[D]. 天津:天津师范大学.
刘芳,霍瑞,韩铖铖,等,2022. 执行功能对个体情绪调节策略使用倾向和调节效果的影响[J]. 心理与行为研究,20(3),382 – 389.
刘华峰,王晓一,高志华,2019. 情绪调节策略在大学生情绪体验与健康状况间的调节作用[J]. 中华行为医学与脑科学杂志,2:166 – 171.
刘启刚,李飞,2007. 大学生认知情绪调节策略对抑郁和焦虑的影响[J]. 中国健康心理学杂志,15(7):604 – 605.
刘启刚,周立秋,2011. 情绪调节的理论模型[J]. 辽宁师范大学学报(社会科学版),34(02):43 – 47.
刘雅,2019. 认知重评团体辅导对降低初中生反刍思维的实验研究[D]. 昆明:云南师范大学.
刘影,桑标,龚少英,等,2016. 情绪表达抑制功能的文化差异[J]. 心理科学进展,24(10):1647 – 1654.
罗洁如,2019. 认知重评对负性信息注意偏向的影响[D]. 深圳:深圳大学.
马莉娟,段丹东,2012. 促进儿童认知重评调节策略的发展基于 Gross 情绪调节理论的讨论[J]. 重庆教育学院学报,25(5):169 – 171.
马志燕,2021. 认知重评在情绪调节中的作用研究综述[J]. 实证调研,27:178 – 180.
孟昭兰,1984. 幼儿不同情绪状态对其智力操作的影响[J]. 心理学报,3:231 – 239.
闵洋璐,陶琳瑾,蒋京川,2015. 情绪调节策略:注意分散和认知重评的比较[J]. 中国健康心理学杂志,23(3):472 – 477.
钮丽丽,周燕,周晖,2001. 中学生人格发展特点的研究[J]. 心理科学,24(4):505 – 506.
潘婷婷,2018. 特质焦虑青少年情绪调节策略选择的模式及其影响因素[D]. 上海:华东师范大学.
彭婉晴,罗帏,周仁来,2019. 工作记忆刷新训练改善抑郁倾向大学生情绪调节能力的 HRV 证据[J]. 心理学报,51(06):648 – 661.
齐玥,杨国春,付迪,等,2021. 认知控制发展神经科学:未来路径与布局[J]. 中国科学:生命科学版,51(6),634 – 646.
桑标,赛李阳,潘婷婷,等,2018. 不同情绪刺激强度下的情绪调节策略选择[J]. 中国临床心理学杂志,26(01):52 – 55.
宋欣欣,张永东,赖小林,2013. 大学生情绪调节策略与父母教养方式[J]. 中国健康心理学杂志,21(1):126 – 129.
孙岩,薄思雨,吕娇娇,2020. 认知重评和表达抑制情绪调节策略的脑网络分析:来自 EEG 和 ERP 的证据[J]. 心理学报,52(1):12 – 25.
汤冬玲,董妍,俞国良,等,2010. 情绪调节自我效能感:一个新的研究主题[J]. 心理科学进展,18(4):598 – 604.

唐海波,周敏,2014.大学生生活事件、认知情绪调节与心理弹性的关系[J].中国健康心理学杂志,22(3):441-443.

王春梅,2012.抑郁症患者负性情绪调节的认知重评策略:ERP研究[D].天津:天津师范大学.

王晶,2019.深圳市社区轻度认知障碍老人的认知控制功能损伤[D].深圳:深圳大学.

王力,柳恒超,李中权,等,2007.情绪调节问卷中文版的信效度研究[J].中国健康心理学杂志,15(6):503-505.

王力,张厚粲,李中权,等,2007.成人依恋、情绪调节与主观幸福感:重新评价和表达抑制的中介作用[J].心理学探新,3:91-96.

王益明,2000.透视焦虑——焦虑本质的哲学心理探析[J].山东大学学报,6:36-41.

王益文,林崇德,2006.工作记忆的认知模型与神经机制[J].心理科学,29(2),412-414.

王玉龙,陈慧玲,袁燕,2020.社会排斥对青少年自伤的影响:羞耻感的中介和认知重评的调节[J].心理科学,43(2):333-339.

王振宏,郭德俊,2003.Gross情绪调节过程与策略研究述评[J].心理科学进展,11(6):629-634.

熊紫玉,2023.情绪调节过程的研究与展望[J].心理月刊,03(18):225-228.

徐雷,唐丹丹,陈安涛,2012.主动性和反应性认知控制的权衡机制及影响因素[J].心理科学进展,20(7),1012-1022.

许远理,郭德俊,2004.情绪与认知关系研究发展概况[J].心理科学,27(1):241-243.

杨海燕,姜媛,2005.情绪调节策略与记忆研究进展[J].首都师范大学学报(社会科学版),4:109-114.

杨洋,张钦,刘旋,2011.积极情绪调节的ERP研究[J].心理科学,34(2):306-311.

姚雨佳,2011.无意识情绪调节:认知重评和表达抑制调整情绪反应[D].杭州:杭州师范大学.

叶伟豪,于美琪,张利会,2023.精准的意义:负性情绪粒度的作用机制与干预[J].心理科学进展,31,(6):1030-1043.

于美琪,2019.三种情绪调节策略的效果和资源消耗的比较[D].南昌:江西中医药大学.

袁加锦,龙泉彬杉,丁南翔,2014.负性情绪调节的效率:中国文化背景下认知重评与表达抑制的对比[J].中国科学:生命科学版,44(6):602-613.

岳珍珠,张德玄,王岩,2004.冲突控制的神经机制[J].心理科学进展,12(5),651-660.

张成勉,2021.基于执行功能的认知训练对情绪调节监控的干预研究[D].杭州:浙江理工大学.

张钦,王岩,罗峥,等,2011.记忆活动中情绪调节的效果和认知神经机制[J]心理科学进展,19(9):1259-1266.

张少华,桑标,潘婷婷,等,2017.情绪调节灵活性的研究进展[J].心理科学,40(4),905-912.

赵鑫,陈玲,2015.反应抑制的训练:内容,效果与机制[J].心理科学进展,23(1):51-60.

赵萱婷,2021.大学生认知控制中主动性与反应性的权衡及影响因素[D].西宁:青海师范大学.

钟建安,莫雷,2010.情绪调节对工作记忆的影响[J].应用心理学,16(2):160-166.

朱伟方,田学英,黄洪基,2012.个体情绪调节自我效能感现状调查及教育启示[J].中国青年研究,9:104 - 107.

邹晓燕,2011.中学生情绪调节策略发展特点及其教育对策[D].呼和浩特:内蒙古师范大学.

Anderson A K, Wais P E, Gabrieli J D E, 2006. Emotion enhances remembrance of neutral events past[J]. Proceedings of the National Academy Of Sciences Of The United States Of America, 103: 1599 - 1604.

Anske P, Heissler J, Nfelder S S, et al, 2011. How to Regulate Emotion? Neural Networks for Reappraisal and Distraction[J]. Cerebral Cortex June, 21: 1379 - 1388.

Baumeister R F, Bratslavsky E, Muraven M, et al, 1998. Ego depletion: Is the active self a limited resource? [J]Journal of Personality and Social Psychology, 74: 1252 - 1265.

Bonanno G A, Papa A, Lalande K, et al, 2004. The importance of beingflexible: The ability to both enhance and suppress emotional expression predicts long - term adjustment [J]. PsychologicalScience, 15: 482 - 487.

Brans K, Koval P, Verduyn P, et al, 2013. The Regulation of Negative and Positive Affect in Daily Life[J]. Emotion, 13(5): 926 - 939.

Braver T S, 2012. The variable nature of cognitive control: a dual - mechanisms framework[J]. Trendsin Cognitive Sciences, 16(2): 106 - 113.

Braver T S, Paxton J L, Locke H S, et al, 2009. Flexible neural mechanisms of cognitive control within human prefrontal cortex[J]. Proceedings of the National Academy of Sciences of the United States of America, 106(18): 7351 - 7356.

Chow S, Ram N, Boker S M, et al, 2005. Emotion as a thermostat: Representing emotion regulation using a damped oscillator model [J]. Emotion, 5: 208 - 225.

Chua P, Krams M, Toni I, et al, 1999. A functional anatomy of anticipatory anxiety[J]. Neuroimage, 9: 563 - 571.

Deveney C M, Pizzagalli D A, 2008. The cognitive consequences of emotion regulation: An ERP investigation [J]. Psychophysiology, 45: 435 - 444.

Dolan R J, 2002. Emotion, Cognition, and Behavior[J] Science, 298: 1191 - 1194.

Egloff B, Schmukle S C, Burns L R, et al, 2006. Spontaneous emotion regulation during evaluated speaking tasks: Associations with negative affect, anxiety expression, memory, and physiological responding[J]. E motion, 6:356 - 366.

Fridja N H, 1986. The emotions[M]. UK: Cambridge University Press.

Frijda N H, 1986. The Emotions: Studies in Emotion and Social Interaction[M]. New York: Cambridge University Press.

Goldin P R, McRae K, Ramel W, et al, 2008. The neural bases of emotion regulation: Reappraisal and suppression of negative emotion[J]. Biological Psychiatry, 63(6): 577 - 586.

Gratz K, Tull M, Reynolds E, et al, 2009. Extending extant models of the pathogenesis of borderline personality disorder to childhood borderline personality symptoms: the roles of affective dysfunction, disinhibition, and self and emotion regulation deficits [J] . Dev Psychopathol, 21:1263 - 1291.

Gross J J, Thompson R A, 2007. Emotion regulation: Conceptual foundations[M]. New York :Guilford Press: 3 - 32.

Gross J J, John O P, 2003. Individual differences in two emotion regulation processes: implications for affect, relationships, and well - being [J]. Journal of personality and social psychology, 85(2): 348 - 362.

Gross J J, Mcrae Kateri, 2020. Emotion Regulation[J]. Emotion, 20(1): 1 - 9.

Gross J J, Thomson R A, 2007. Emotion Regulation: Conceptual Foundations[M]. New York: Guilford Press: 3 - 24.

Gross J J, 1998a. The emerging field of emotion regulation: An integrative review[J]. Review of General Psychology, 2(3): 271 - 299.

Gross J J, 1998b. Antecedent and response focused emotion regulation: divergent consequences for experience, expression, and physiology[J]. Journal of Personality and Social Psychology, 74(1): 224.

Gross J J, 2001. Emotion regulationin adulthood: Timing is everything[J]. Current Directions in Psychological Science,10(6): 214 - 219.

Gross J J, 2002. Emotion regulation: Affective, cognitive, and social consequences[J]. Psychophysiology, 39(3), 281 - 291.

Gross J J, 2015. Emotion Regulation: Current Statusand Future Prospects[J]. Psychological Inquiry, 26(1): 1 - 26.

Gyurak A, Goodkind M S, Kramer J H, et al, 2012. Executive functions and the down - regulation and up - regulation of emotion[J]. Cognition and Emotion, 26(1): 103 - 118.

Hamann S B, 2001. Cognitive and neural mechanisms of emotional memory[J]. Trends in Cognitive Sciences, 5: 394 - 400.

Hayes J P, Morey R A, Petty C M, et al, 2010. Staying cool when things get hot: Emotion regulation modulates neural mechanisms of memory encoding[J] . Frontiers in Human Neuroscience, 4: 1 - 10.

Hoeksma J B, Oosterlaan J, Schipper E M, 2004. Emotion regulation and the dynamics of feelings: A conceptual and methodological framework[J]. Child Development,75: 354 - 360.

Hofmann S G, Heering S. Sawyer A T, 2009. How to handle anxiety: The effects of reappraisal, acceptance, and suppression strategies on anxious arousal[J] Behaviour Research and Therapy, 47: 389 - 394.

Izard C E, 1991. The Psycbology of Emotions[M]. New York: Plenum.

Kalisch R, Wiech K, Herrmann K, et al, 2006. Neural Correlates of self - distraction from Anxiety and a Process Model of Cognitive Emotion Regulation[J]. Journalof CognitiveNeuroscience, 18(8): 1266 - 1276.

Kanske P, Heissler J, Nfelder S S, et al, 2011. How to Regulate Emotion? Neural Networks for Reappraisal and Distraction[J]. Cerebral Cortex June, 21: 1379 - 1388.

Kross E, Ayduk O, 2008. Distinguishing Distanced - Analysis of Depressive Experiences From Immersed Analysis and Distraction[J]. Personality and Social Psychology Bulletin, 34: 924 - 938.

Larsen R J, 2000. Toward a science of mood regulation [J]. Psychological Inquiry, 11: 129 - 141.

Mak A K, Hu Z, Zhang J X, et al, 2009. Neural correlates of regulation of positive and negative emotions: An FMRI study[J]. Neuroscience Letters, 457: 101 - 106.

Mauss I B, Bunge S A, Gross J J, 2007. Automatic Emotion Regulation[J]. Social and Personality Psychology, Compass1, 1:146 - 167.

Mcrae K, Hughes B, Chopra S, et al, 2010. The Neural Bases of Distraction and Reappraisal [J]. Journal of CognitiveNeuroscience, 22(2): 248 - 262.

Milad M R, Zeidan M A, Contero A, 2010. The influence of gonadal hormones onconditioned fear extinction in healthy humans[J]. Neuroscience, 168: 652 - 658.

Muraven M, Baumeister R F, 2000. Self - regulation and depletion of limited resources: Does selfcontrol resemble a muscle[J]. Psychological Bulletin, 126: 247 - 259.

Ochsner K N, Gross J J, 2005. The cognitive control of emotion[J]. Trends in Cognitive Sciences, 9: 242.

Ochsner K N, Bunge S A, Gross J J, et al, 2002. Rethinking feelings: An FMRI study of the cognitive regulation of emotion[J]. Journal of CognitiveNeuroscience, 14(8): 1215 - 1229.

Ochsner K N, Ludlow D H, Knierim K, et al, 2006. Neural correlates of individual differences in pain - related fear and anxiety[J]. Pain, 120(1 - 2): 69 - 77.

Ochsner K N, Ray R D, Cooper J C, et al, 2004. For better or for worse: Neural systems supporting the cognitive down and up regulation of negative emotion[J]. Neuroimage, 23: 483 - 499.

Olds J, Milner P, 1954. Positive reinforcement produced by electrical stimulation of septal area and other regions of rat brain[J]. Journal of Comparative & Physiological Psychology, 47 (6): 419 - 427.

Richards J M, Gross J J, 2000. Emotion regulation and memory: The cognitive costs of keeping one's cool[J]. Journal of Personality and SocialPsychology, 79: 410 - 424.

Richards J M, Gross J J, 2006. Personality and emotional memory: How regulating emotion impairs memory for emotional events [J]. Journal of Research in Personality, 40: 631 - 651.

Richards J M, 2004. The cognitive consequences of concealing feelings[J]. Current Directions in Psychological Science, 13: 131 - 134.

Scott S K, Young A W, Calder A J, et al, 1997. Impaired auditory recognition of fear and anger following bilateral amygdala lesions[j]. Nature, 385: 254 - 257.

Sheppes G, Catran E, Meiran N, 2009. Reappraisal (but not distraction) is going to make you sweat: Physiological evidence for self control effort[J]. International Journal of Psychophysiology, 71: 91 –96.

Sheppes G, Meiran N, 2007. Better late than never? On the dynamics of online regulation of sadness using distraction and cognitive reappraisal [J] . Personnality & Social Psychology Bulletin, 33: 1518 –1532.

Sheppes G, Meiran N, 2008. Divergent Cognitive Costs for Online Forms of Reappraisal and Distraction[J] . Emotion, 8(6): 870 –874.

Sheppes G, Scheibe S, Suri G, et al, 2011. Emotion – regulation choice [J]Psychological Science, 22: 1391 –1396.

Sheppes G, Scheibe S, Suri G, et al, 2014. Emotion Regulation Choice: A Conceptual Framework and Supporting Evidence[J]Journal of Experimental Psycholog: General,143(1): 163 –181.

Shiota M N, Levenson R W, 2009. Effects of aging on experimentally instructed detached reappraisal, positive reappraisal, and emotional behavior suppression[J]. Psychology Aging, 24: 890 –900.

Thiruchselvam R, Blechert J, Sheppes G. et al, 2011. The temporal dynamics of emotion regulation: An EEG study of distraction and reappraisal [J] . Biological Psychology, 87: 84 –92.

Thompson R A, 1994. Emotion regulation: Atheme insearch of definition[J]. Monographs of the Society for Research in Child Development, 59: 25 –52.

Van Dillen L F, Heslenfeld D J, Koole S L, 2009. Tuning down the emotional brain: An FMRI study of the effects of cognitive load on the processing of affective images[J] . NeuroImage,45(4): 1212 –1219.

Van Dillen L F, Koole S L, 2007. Clearing the mind: A working memory model of distraction from negative mood[J]. Emotion, 7:715 –723.

Webb T L, Miles E, Sheeran P, 2012. Dealing With Feeling: A Meta – Analysis of the Effectiveness of Strategies Derived From the Process Modelof EmotionRegulation [J]. Psychological Bulletin, 138(4): 775 –808.

Wessa M, Houenou J, Paillere – Martinot M, et al, 2007. Fronto – striatal over activation in euthymic bipolar patients during an emotional go/nogo task[J] . Am J Psychiatry, 164: 638 –646.